改定承認年月日	平成18年11月22日
訓練の種類	普通職業訓練
訓練課程名	普通課程
教材認定番号	第58826号

改訂 木工製図

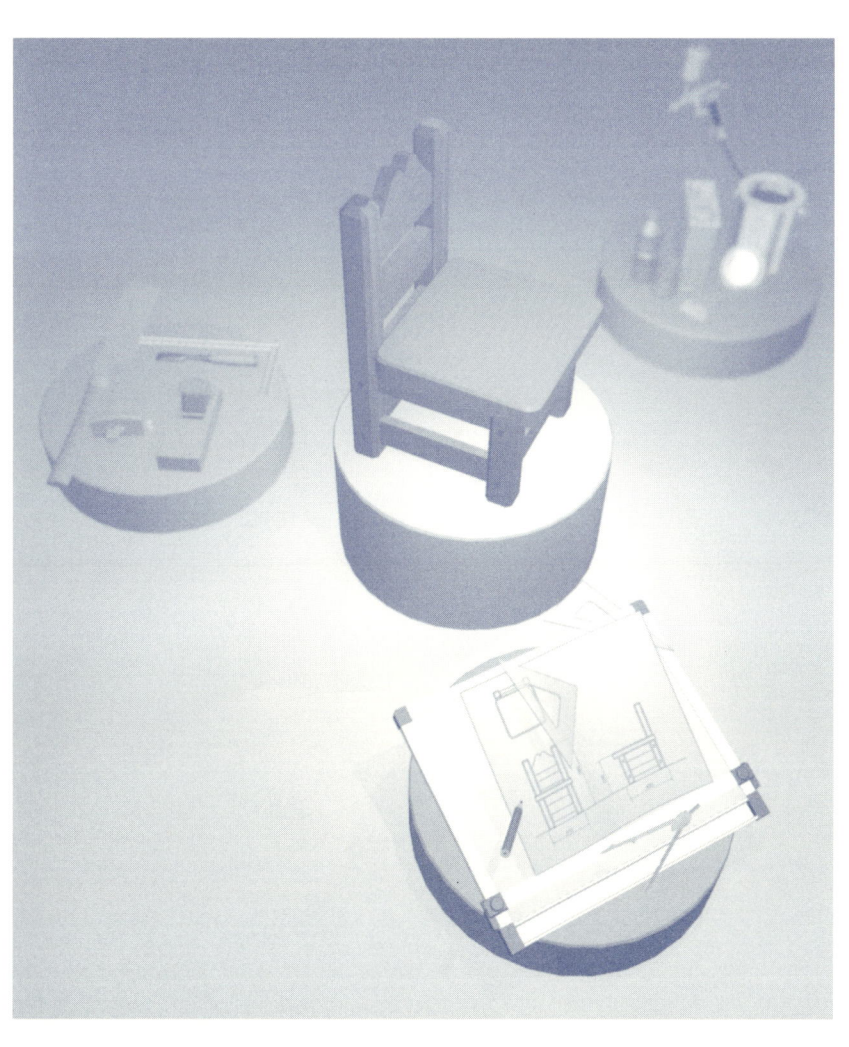

独立行政法人　高齢・障害・求職者雇用支援機構
職業能力開発総合大学校　基盤整備センター　編

は　し　が　き

　本書は職業能力開発促進法に定める普通職業訓練に関する基準に準拠し，木材加工系木工科の訓練を受ける人々のために，木工製図の教科書として作成したものです。
　作成に当たっては，内容の記述をできるだけ平易にし，専門知識を系統的に学習できるように構成してあります。
　このため，本書は職業能力開発施設で使用するのに適切であるばかりでなく，さらに広く知識・技能の習得を志す人々にも十分活用できるものです。
　なお，本書は次の方々のご協力により作成したもので，その労に対して深く謝意を表します。

　　　〈改定委員〉　　　　（五十音順）
　　　坂 元 愛 史　　　職業能力開発総合大学校
　　　土 持 惠 三　　　神奈川県立平塚高等職業技術校
　　　戸 引 一 則　　　埼玉県立飯能高等技術専門校

　　　〈監修委員〉　　　　（五十音順）
　　　赤 松　　 明　　　職業能力開発総合大学校
　　　高 山 英 樹　　　職業能力開発総合大学校
　　　　　　　　（委員の所属は執筆当時のものです）

平成19年2月

　　　　　　　　　　　　独立行政法人　高齢・障害・求職者雇用支援機構
　　　　　　　　　　　　職業能力開発総合大学校　基盤整備センター

［木工製図］―作成委員一覧―

〈執筆委員〉　　　　　（昭和61年3月　五十音順）

赤　松　　　明　　職業訓練大学校

後　藤　　　健　　新庄総合高等職業訓練校

　　　　　　　（委員の所属は執筆当時のものです）

目　　　次

第1章　製図用機器及び製図用紙とその使い方 …………………………… 1
第1節　製図器具 ……………………………………………………………… 1
1.1　製図器（1）　　1.2 製図板と定規（3）　　1.3　製図機械と平行定規（7）
1.4　鉛筆（8）　　1.5　その他の製図用具（9）　　1.6　製図用紙（11）
1.7　製図用紙の張り方（12）　　1.8　線の引き方（14）　　1.9　CAD（16）

第2章　製図の基本 ………………………………………………………… 21
第1節　製図の基本的事項 ………………………………………………… 21
1.1　製図用紙のサイズ及び図面の様式（21）　　1.2　尺度（22）
1.3　線の種類と用法（23）　　1.4　文字の種類（27）

第3章　平面図法 …………………………………………………………… 31
第1節　平面図法 …………………………………………………………… 31
1.1　垂直線と直角（31）　　1.2　平行線（33）　　1.3　角の等分（34）
1.4　多角形（34）　　1.5　円及び円弧の作図（36）　　1.6　だ円（38）

第4章　立体図法 …………………………………………………………… 41
第1節　正投影法 …………………………………………………………… 42
1.1　正投影（42）
1.2　立体図法と規約（45）
1.2.1　図形の表し方（45）　　1.2.2　図形の省略（46）
1.2.3　断面の表し方（47）　　1.2.4　寸法記入に用いる線とその働き（49）
1.3　第三角法による製図の要領と順序（55）
1.3.1　製図の順序と注意事項（55）　　1.3.2　製図の順序（55）
第2節　軸測投影及び斜投影 ……………………………………………… 63
2.1　軸測投影（63）　　2.2　斜投影（64）
第3節　透視投影 …………………………………………………………… 67
3.1　透視投影（67）　　3.2　透視投影図の描き方（二点透視投影法）（81）

［演習課題］ ……………………………………………………………………… 84

［製図図例］ ……………………………………………………………………… 104

第1章　製図用機器及び製図用紙とその使い方

　図面を描くには，製図器やその他のいろいろな用具を使わなければならない。
　いかに優れた腕を持っていても，製図用具などが悪ければ，よい図面を描くことはできない。よい図面を描くためには，これらの製図用具を知り，その使い方を身に付け，用具に慣れる必要がある。そこで本章では，製図で用いられる用具の紹介とその使い方について学ぶ。

第1節　製図器具

1．1　製図器

　製図器は形式によって，ドイツ式やイギリス式などがある。製図器も高級になればなるほど，その種類は多く，図面を描くのに便利である。しかし，木工図面は，主に直線の構成であるから，最も使用頻度が高く，基本的な中コンパス，スプリングコンパス，ディバイダなどが中心になる。

- 中　コ　ン　パ　ス……半径20mm～70mm程度までの円や円弧を描くのに便利である。
- スプリングコンパス……半径20mm以下程度の小さい円や円弧を描くのに便利である。
- デ　ィ　バ　イ　ダ……寸法をスケールから紙面に移したり，直線や円周を分割したりするのに便利である。

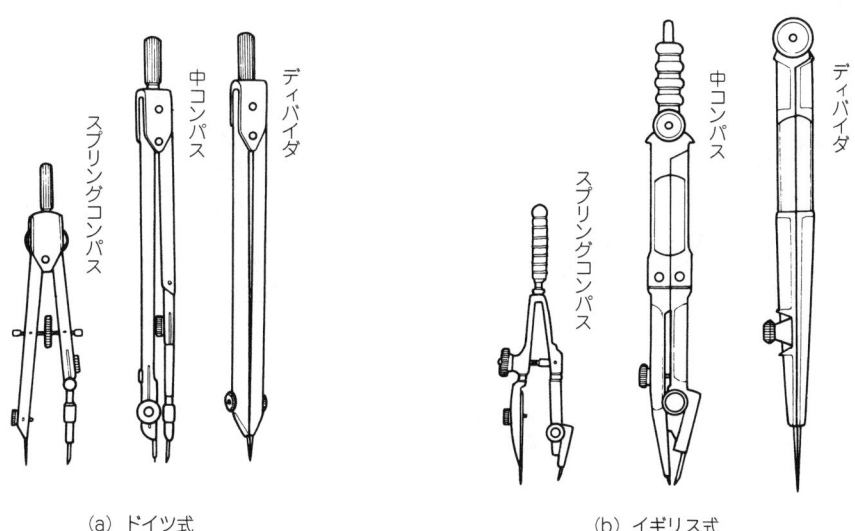

(a) ドイツ式　　　　　　　　(b) イギリス式

図1－1　製図器の形式

（1）コンパスの使い方

コンパスの針先と鉛筆の芯は，紙面になるべく直角に当たるようにする。特に注意することは，針先の位置を動かさないようにして描くことで，このことができるように練習する。図1－2は，そのコンパスの使い方である。

・コンパスの持ち方

①小さい円

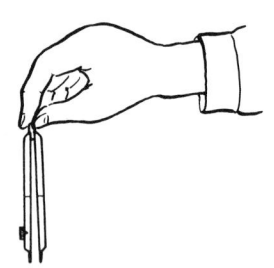

つまみをつまんで，右回りに描く

②中ぐらいの円

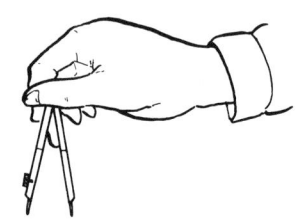

半分右回り，半分左回りに半円ずつ描く

③大きい円

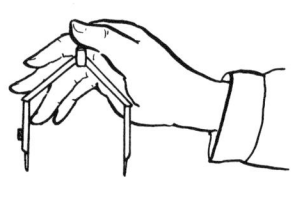

関節部を折り曲げ，芯先と針先が紙に垂直に当たるようにして，左回りに半円を描き，右回りに半円を描く

図1－2　コンパスの使い方

（2）ディバイダの使い方

ディバイダは両脚の開きによって，寸法を移したり，割り付けをしたりする器具である。紙面に小さい針跡を付けるので，なるべく針跡が小さくなるようにしなければならない。図1－3はディバイダの使い方である。

①寸法の移し方

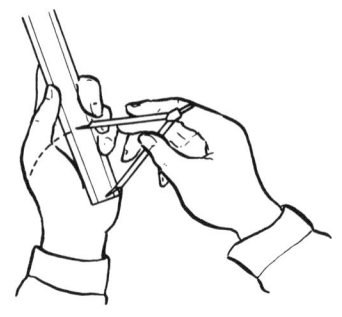

②線分の分割法

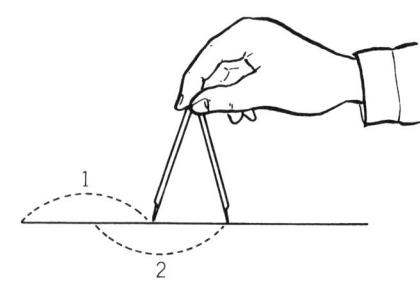

・ものさしを左側に持ち，目盛り線を傷めないように寸法を取る。

・弧の頂上が，目盛り線の上を通るようにする。

・つまみをつまんで，紙に直接小さい針跡をあける。

図1－3　ディバイダの使い方

（3）製図ペン（パイプペン）

図面に墨入れするときに用いる。線の太さは，パイプの太さによって決まり0.1mmから1.2mm程度までの多くの種類がある。使いやすさの点からは，からす口より優れているが，線の美しさではやや劣る。

ペン先にインクが玉状にたまりやすいので，吸湿性のよい紙などを使い，こまめにふき取ってから，描き始める。

ペン先を紙面に対して垂直に立て，線を引く方向に少し倒して，軽くすべらせる感じで引く。ペンを動かす速度が遅すぎると，線が太めになるので，ペンにあった速さで引く。

定規やテンプレートなどを使って引く場合は，縁取りしたものを使うか，薄いものを2枚重ねるなどして，ペン先と定規の間にすき間をつくる。図1－4にパイプペンの使い方について示す。

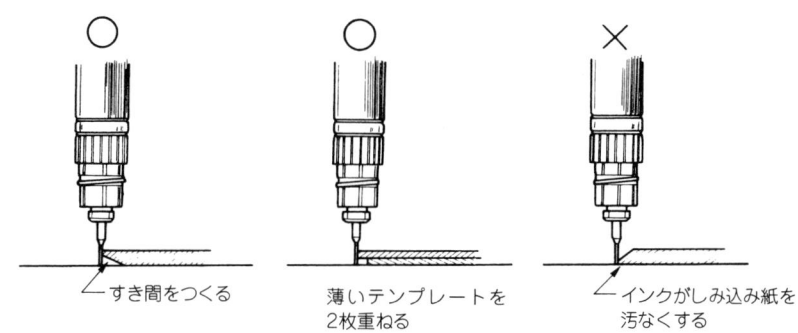

図1－4　パイプペンの使い方

1．2　製図板と定規

製図板は，製図用紙を張り付けるための台板であり，定規は製図用紙に直線や曲線などを引くためのガイドである。これらの用具を刃物で傷を付けたり，水でぬらしたり，直射日光に当てて精度を狂わせてはいけない。

これらの製図用具を大切にして，使い慣れるとともに，精度検査の方法も知っておく必要がある。

・製図板……製図板（図1－5）には合板製のものと，ヒノキ，ホオノキなどの単一材製のものがある。一般には，合板製のものが多く，左右に定規の基準となる縁が付いている。

表1－1　製図板の大きさ

呼び名	大きさ（単位mm） （横）×（たて）×（厚さ）
大判	1210×910×25又は30
中判	1060×760×25又は30
小判	910×610×25又は30
特小判	610×450×25又は30

4　木工製図

製図板の大きさについては表1－1に示す。

・定　規……製図に使用される定規には，T定規（図1－6），三角定規，スケール（ものさし）などの直線を引くためのものと，雲形定規，自在曲線定規などの曲線を引くためのものとがある。このほか，テンプレートがあり，手早く，明確な線を引くことができる。T定規は，直線や平行線を引くのに用いられる。また図1－6に示すもののほかに，胴部の上下に縁のついたT定規もあり，利き手にかかわらず使用しやすい。T定規の胴部は木製，縁は合成樹脂でできているので，保管に当たっては水でぬらしたり，直射日光に当てたりしない。

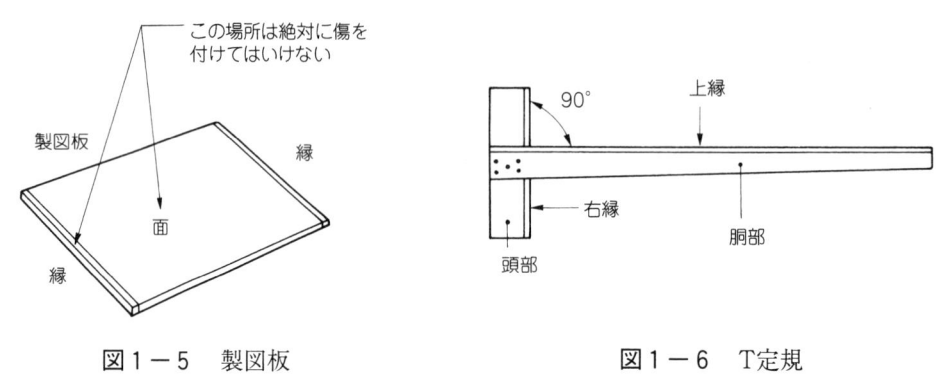

図1－5　製図板　　　　　　　　図1－6　T定規

（1）製図板とT定規，三角定規の使い方

T定規は，直定規（胴部）にすり定規（頭部）が直角に付いていて，それがちょうどT字形をしているところから，T定規と呼ばれている。木製の板に，合成樹脂の縁を取り付けたものが一般的である。

製図板と，T定規や三角定規は，常に連動して使用されることが多い。製図板の左の縁

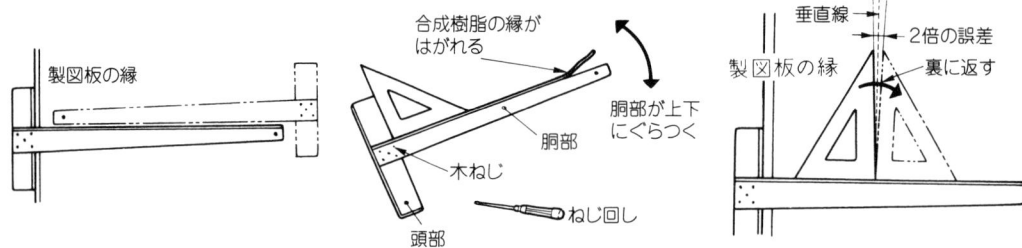

・左右の側面に合わせて引いた直線が，正しく重なればよい。
・頭部のぐらつきは，角度をよく確かめ，ねじ回しで締め付ける。
・合成樹脂の縁がはがれたら接着剤で付ける。
・垂直線と正しく重ならない場合は，下端定規と同じように，2倍の誤差となる。

図1－7　T定規の検査方法

が不正確であったり，T定規の頭部の角度が狂っていたり，三角定規の角度が狂っていたりすると，図面そのものが不正確になる。製図の前に，まず，これらの用具を確認することも必要である。その検査方法は，図1－7のとおりである。

T定規の上下移動は，頭部の縁を製図板の縁に密着させながら，上下に滑らせるようにして行う（図1－8）。また，T定規で直線を引く場合は，頭部の縁を製図板の縁に正しく当て，T定規の上縁に沿って左から右へと引く。

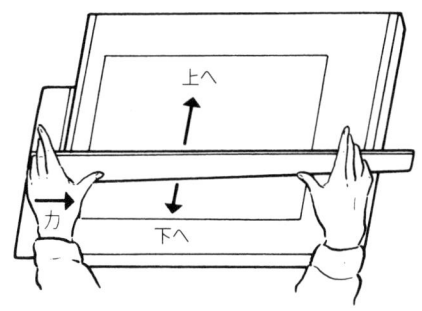

図1－8　T定規の使い方

（2）三角定規の使い方

三角定規は，45°－45°－90°の三角定規と，30°－60°－90°の三角定規の2枚で一組になっている。

三角定規のサイズは，45°－45°の辺の長さと90°－30°の辺の長さで表す。2枚一組の三角定規にあっては，その長さは同じである。

一般の製図用には，目盛のない240～300mmの合成樹脂製で厚さ2～3mmぐらいの三角定規が適当である。この2枚の定規を組み合わせて，いろいろな角度を出すことができる（図1－9）。

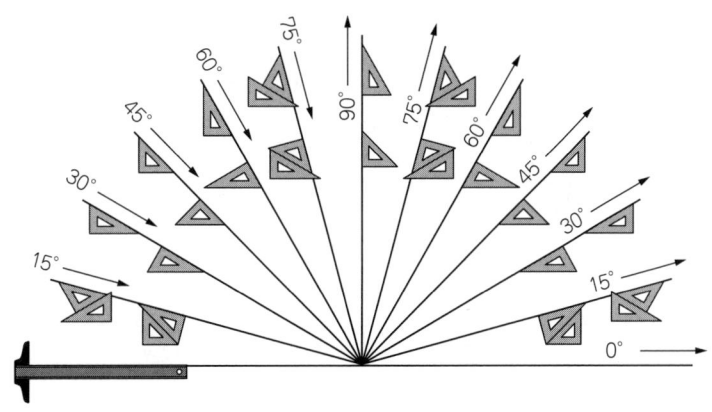

図1－9　三角定規の組み合わせ

6　木工製図

（3）ものさし，スケールの使い方

スケールは竹製，プラスチック製，その他各種のものがある。製図用としては，目盛の付いている30cm程度のものをよく用いるが，しばしば大きな図面を描く木工製図では1mのスチール製スケールがあると便利である。

また縮尺図面を作図したり読み取ったりする場合には**三角スケール**を用いるとよい。このスケールには，三角柱状の各面の両側にそれぞれ異なる1／100～1／600まで6種類の縮尺目盛が付いており，図面の縮尺に対応した目盛部分を用いることで作業を効率よく行うことができる。

なお，スケールは測定する器具なので線引きには使用しない。図1－10にものさし及び三角スケールの外観を示す。

ものさし　　　　　　　　　　三角スケール

図1－10　ものさし，三角スケール

（4）雲形定規の使い方

雲形定規は，コンパス，テンプレートなどで引くことのできない曲線を引く場合に用いられる。いろいろ複雑な形をした定規が数枚で一組となっている。引こうとする線上のいくつかの点を決め，それらを軽くフリーハンドで結び，それに合う曲線部分を雲形定規から選び出し，その部分を定規として使用する。

図1－11に雲形定規の使い方を示す。

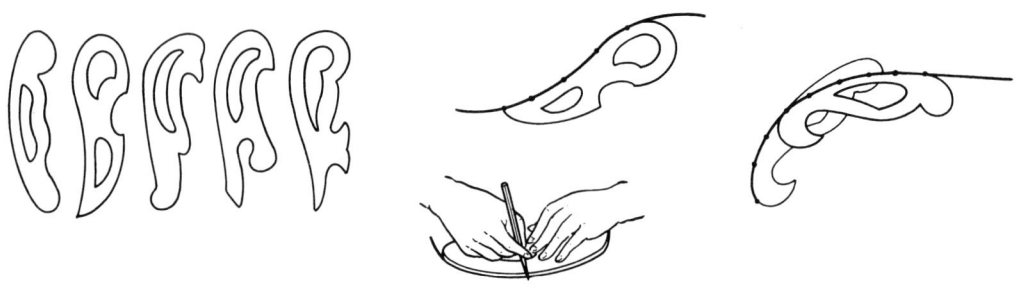

図1－11　雲形定規の使い方

（5）自在曲線定規の使い方

　自在曲線定規は，太い鉛の針金を薄い鋼板で囲んだもので，自由に曲げることができる定規であるが，半径30mm以下の小さな円弧曲線は無理である。雲形定規と同じように，いろいろな曲線を引くのに用いられる。

　図1-12に自在曲線定規の使い方を示す。

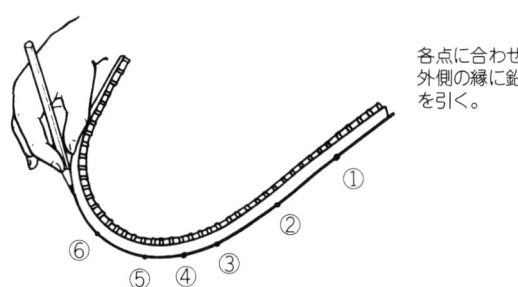

図1-12　自在曲線定規の使い方

（6）分　度　器

　分度器は角度測定に用いる。透明なセルロイド又は硬質ビニール製で半円形若しくは全円形をしている。円弧状に1°ずつの目盛が刻んである。

　図1-13に分度器の外観を示す。

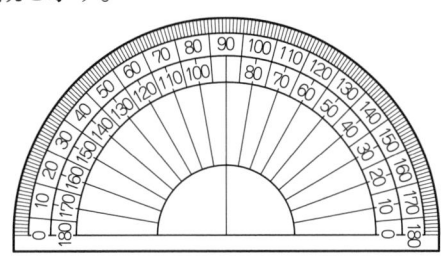

図1-13　分度器

1.3　製図機械と平行定規

　製図機械はT定規，三角定規，分度器，ものさしなどの機能を併せ持っている。2枚の目盛付き定規を，直角に取り付けたハンドルで動かすことによって，平行な線や必要な寸法などを製図板上のどこへでも容易に描くことができる。また，角度目盛を調節することにより，定規の角度を思いどおりにすることができる。

　製図機械には，プーリ式やトラック式などがある（図1-14）。

　平行定規は，製図板上を上下に平行移動する直定規により，容易に平行線を引くことが

できる。機構が簡単で，長くて平行な線を能率よく引くことができるため，よく使われている。

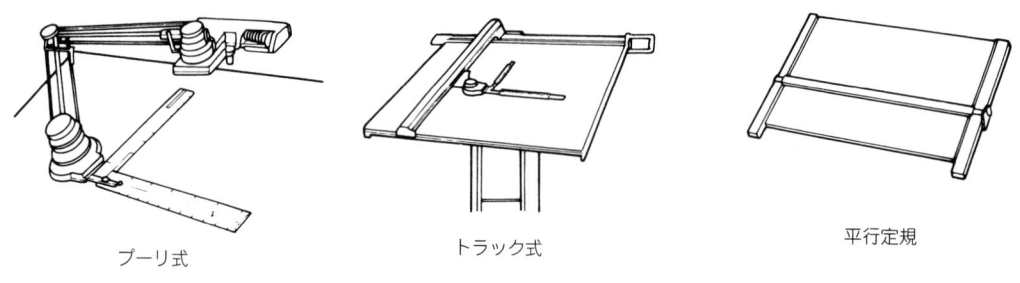

図1－14　製図機械と平行定規

1.4　鉛　　筆

　図面のできあがりが良いか，悪いかの評価の1つに，図面に描かれた線の問題がある。図面が見やすい，又は，きれいであるなどといわれる第一の原因は，線がはっきりしていることである。

　線引きは熟練を必要とするが，線の種類によって鉛筆そのものを選び，使い分けしなければならない。

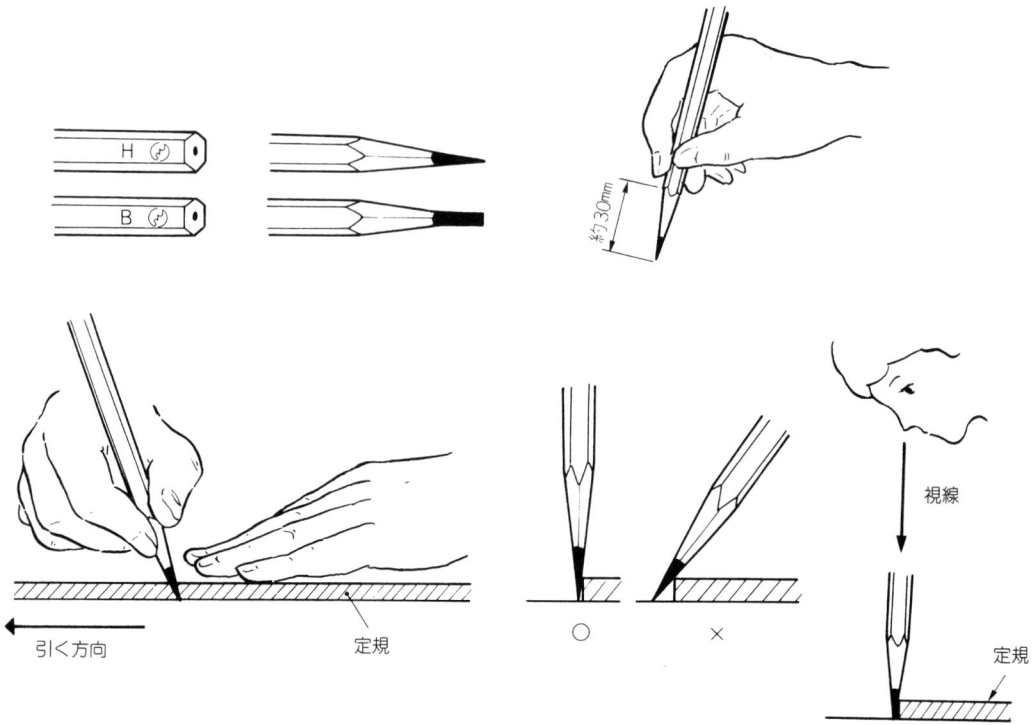

図1－15　鉛筆とその使い方

鉛筆の硬さは，日本工業規格（JIS）によって規定されている。鉛筆に表示されているH，F，Bは，Fを中間として，Hの数が多くなればなるほど硬く，Bの数が多くなれば軟らかくなる。

鉛筆の芯の硬さは，使用目的によって使い分ける。例えば，細い線用にH，文字用にHBといった具合である。また，製図用紙の質やその日の湿度によって，硬さの具合が微妙に変わってくるので，その都度適当な硬さの鉛筆に換えなければならず注意を要する。

鉛筆以外に，ペンシルホルダや製図用シャープペンシルもよく用いられている。

鉛筆による線引きは，まず，定規に密着させて，引き始めと引き終わりとが同じ太さになるように，鉛筆を少しずつ回しながら引く。

図1－15に鉛筆とその使い方について示す。

1.5　その他の製図用具（図1－16）

（1）テンプレート

直径1～30mmぐらいまでの円を，段階的にくりぬいた円定規，英字・数字をくりぬいた英字数字定規などがよく用いられる。

（2）消しゴム

製図用消しゴムとしては，ゴム系とプラスチック系があり，品質のよいプラスチック系が多く用いられている。また，インクや墨などの修正用消しゴムとして，砂入り消しゴムがある。一般に広い面積を消すときには，軟らかい消しゴムを用い，狭く部分的に消すには硬い消しゴムを用いるとよい。

（3）消し板

図面の線や文字を修正したいとき，他の部分まで消さないようにする当て板である。

（4）羽根ぼうき，製図用ブラシ

消しゴムの消しくずやほこりを払うとき，手で払ったり，息を吹きかけたりすると，図面が汚れるので，これらが用いられる。

（5）芯研器

鉛筆などの芯をとがらせるためのやすりである。ペンシルホルダ専用の芯研器もある。

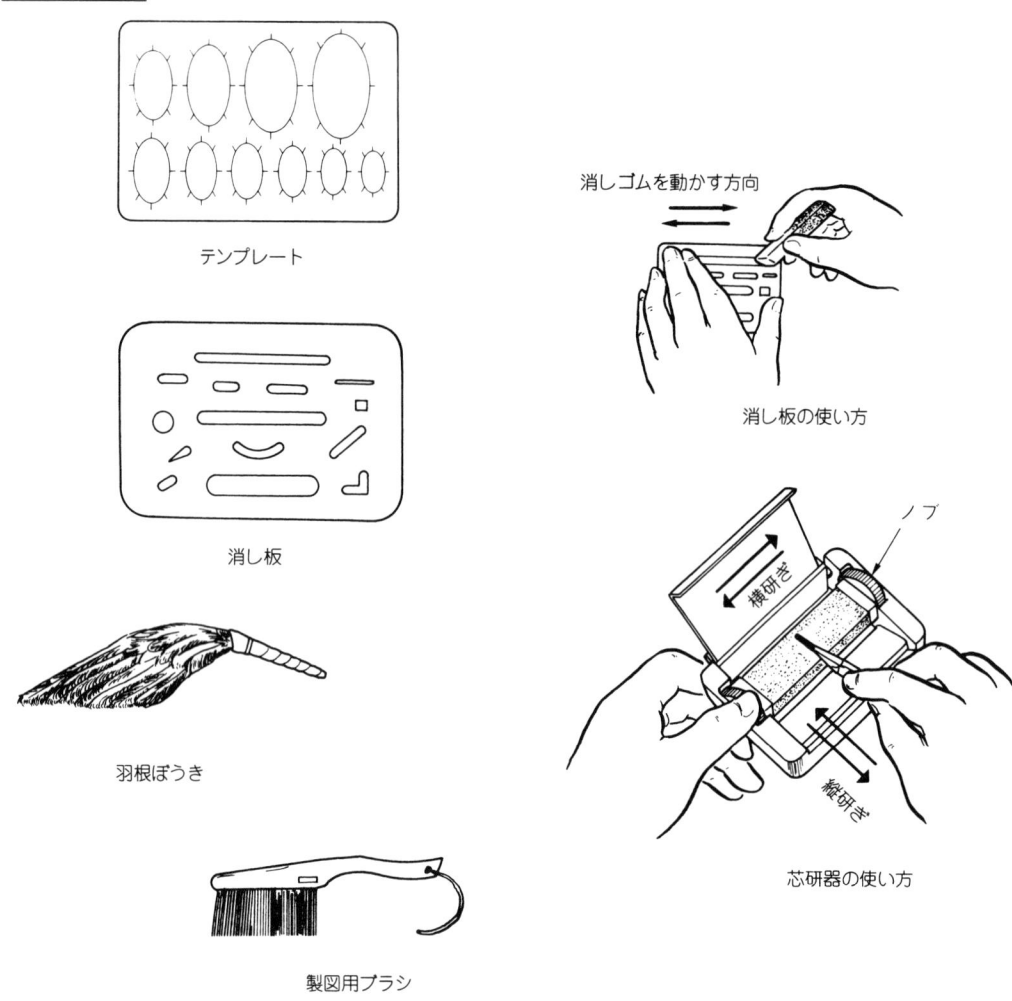

図1-16　その他の製図用具

(6) 彩色用具

a. 水彩絵具

透明水彩絵具と不透明水彩絵具がある。透明水彩絵具は、水を加えて薄く塗っても、色彩が鮮やかで、色のびがよく、紙によくのるのが特徴である。

不透明水彩絵具は、水を多量に加えず、厚塗りや重ね塗りに適している。

b. ポスターカラー

ポスターのように、比較的大きな平面上をむらができないよう平面的に塗る場合に、最も適している。

c. パステル

色の素となる顔料を固めた画材で、簡便な彩色に適している。画材を直接紙にこすりつ

けるだけでなく，削って粉状にすれば混色も可能である。粉状にした画材を，筆や指，ティッシュなどを用いて塗り広げれば，広い範囲に比較的むらなく彩色できる。また，紙に付けた後で消しゴムを用いればある程度消すことが可能である。顔料は紙に定着しにくく，そのままではとれてきてしまうので，彩色が終わったら定着剤（フィキサチーフ）で紙に定着する必要がある。

d．色鉛筆

硬質・中硬質及び軟質の3種類がある。色数が豊富で，簡便な色彩用具である。しかし，発色効果が弱く，むらなく色付けするのが困難なため，広い部分の彩色には適さない。

また，退色しやすいので，描かれたものの長期保存には適さない。

e．クレパス，コンテ

一般に，ラフスケッチ用として用いられる。

f．カラートーン，スクリーントーン

鮮やかな色や，つぶつぶ模様などのついた透明な薄膜紙で，図面に張り付けて用いる。

1．6 製 図 用 紙

製図用紙としては，一般に，つや消しのトレーシングペーパーを用いる。これは，修正がしやすく，また，複写が容易にとれる利点を持っているからである。このほか，表現したい内容や目的によって，いろいろな種類の紙を製図用紙として用いることがある（表1－2）。

表1－2 製図用紙の種類

	複写目的の有無	紙の種類	用　　途
製図用紙	複写を目的とするもの	トレーシングペーパー（つや消し）	鉛筆書き
		トレーシングペーパー（つや付き）	墨入れ
	複写を目的としないもの	ケント紙	鉛筆書き、墨入れ
		木炭紙	透視図用
		ワットマン紙	

紙の大きさは，A判とB判の規格のものがある。JISでは，紙の大きさをA列に規定している（図1－17）。これによると，A列0番（A0）からA列4番（A4）までを使用するよ

うになっている。

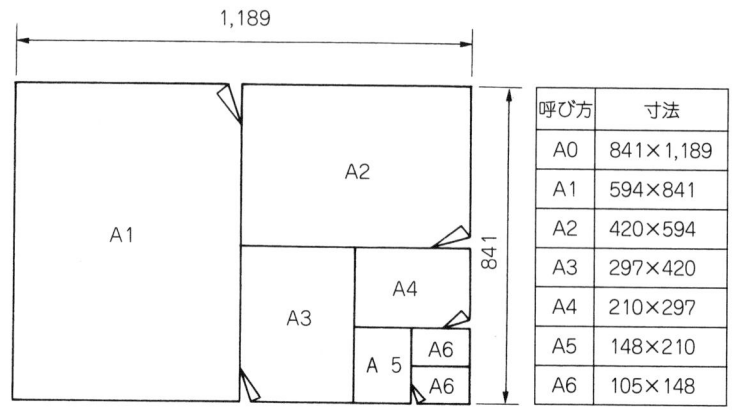

図1－17　製図用紙の大きさ

　以上の器具，用具を使って製図をするが，机の上に製図板を置いて行う場合は，前方にまくら木を敷き，少し傾斜を付けると描きやすい（図1－18）。

　また，製図板の上には余分なものを置かないように，常に整理整とんして，T定規や三角定規の移動の邪魔にならないようにする。

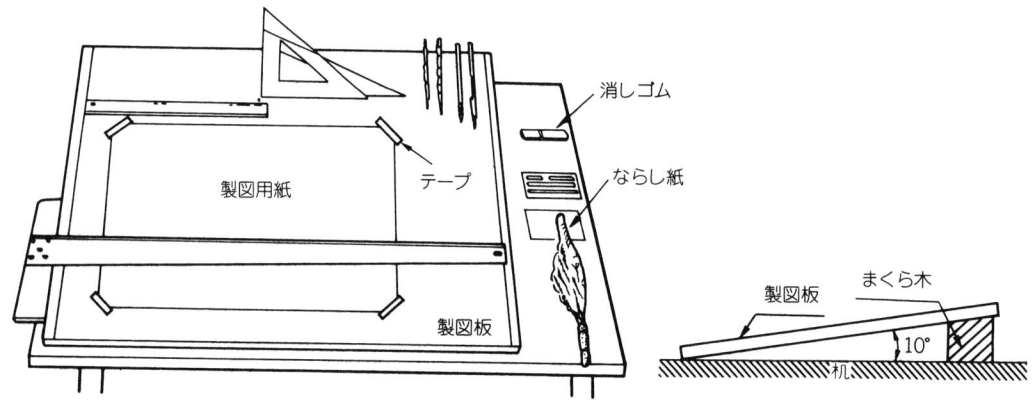

図1－18　製図板の配置

1．7　製図用紙の張り方

　製図用紙は，製図板の大きさによって異なるが，T定規を安定して使えるような位置に張る。主な手順は，次のとおりである。

　①　製図板をきれいに清掃する。

　消しゴムなどのくずがあると，紙の下に入り，線を真っすぐに引くことができない。また，図板と製図用紙の間に下敷の紙を敷くと用紙は汚れない（図1－19）。

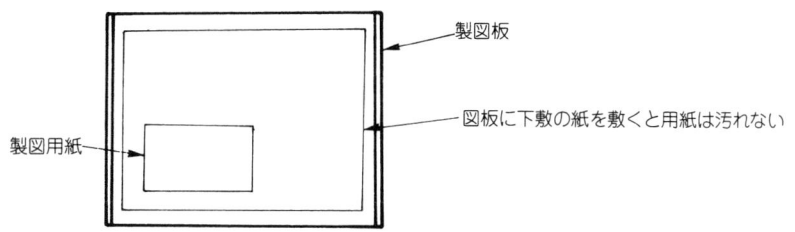

図1-19　製図用紙の張り方①

② T定規を製図板の下方に置く。

T定規が製図板から外れないように下方に置く（図1-20）。

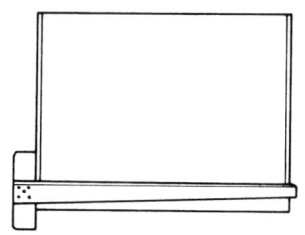

図1-20　製図用紙の張り方②

③ 紙の表裏を確かめ，用紙の下端をT定規の上縁に一致させる（図1-21）。

紙の裏は布目のある方で，用紙はなるべく左方に置く。これはあくまでも仮の位置であるが，製図がやりやすいように用紙を左右にずらして場所を決める。

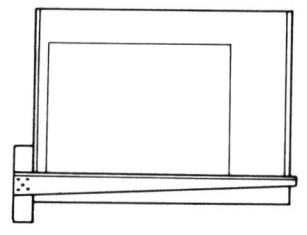

図1-21　製図用紙の張り方③

④ T定規を用紙の上端に合わせ，用紙の平行を確認する（図1-22）。

位置が決まったら，T定規をずらして用紙の上端に合わせる。このとき用紙がT定規と一緒にずれないようにする。

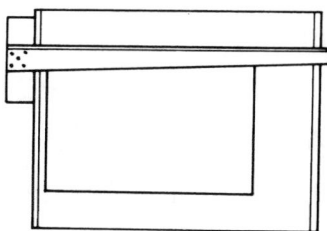

図1-22　製図用紙の張り方④

⑤ 用紙をテープで止める。

用紙が平行になったら，T定規をずらして輪郭線の余白を残し，四隅をテープで止める（図1－23（a））。

このときも，用紙が動かないようにする。図（b）は，テープを止める手順及び用紙の下に空気が入らないようにする紙のさばき方である。

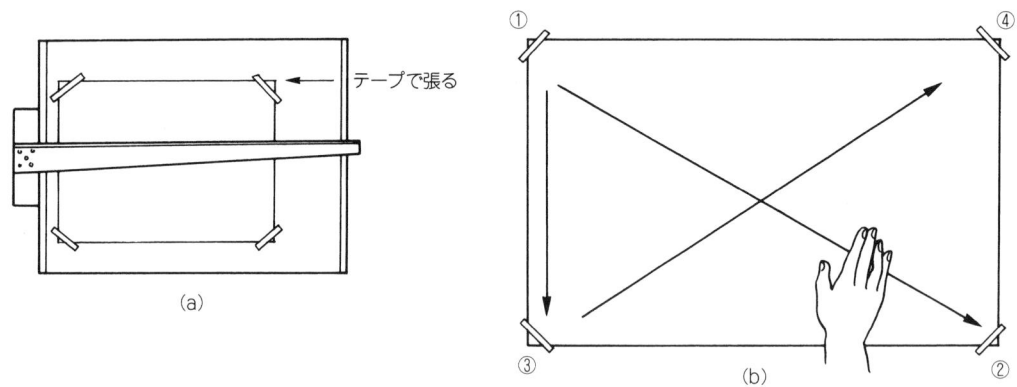

図1－23　製図用紙の張り方⑤

1．8　線の引き方

線は基本的に左から右に引く。図面は下と右側が基準となることに注意して線を引く方向を考えるとよい。

（1）水平線の引き方

上位にある線から引き，下位の線へと移動していく。

・T定規による場合（図1－24（a））

① T定規の頭部を製図板の縁に当て，左手でT定規をしっかり押さえて左から右に向かって線を引く。

② 引き終わったらT定規を下方へ移動させ，次の位置に合わせて①と同じ要領で線を引く。

・三角定規による場合（図（b））

① 正しい位置に定規を当てて線を引く。次にこの定規を固定し，もう1枚の定規を案内用として図のように添える。

② 案内用定規を左手で固定し，線引き用の定規をこの案内に沿わせて移動させ，次の位置に合わせて線を引く。

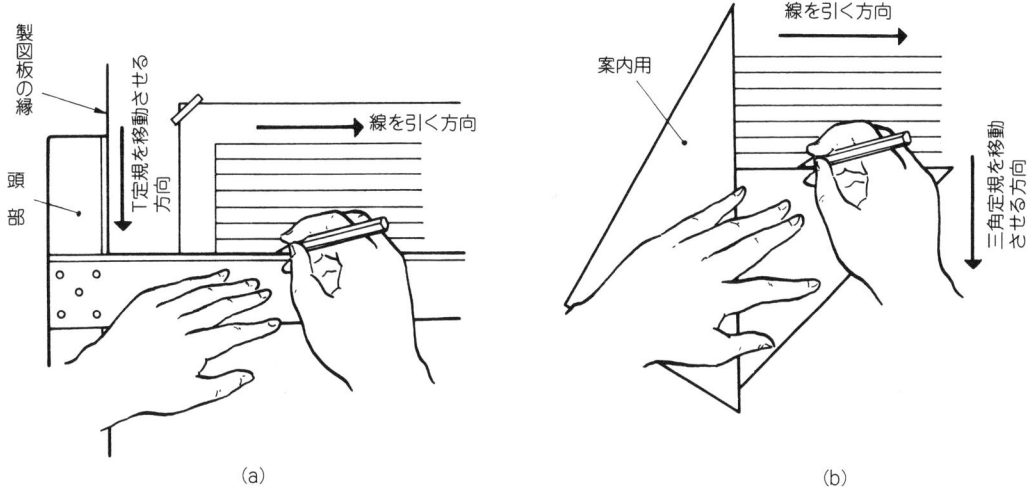

図1-24 水平線の引き方

(2) 垂直線の引き方（図1-25）

左側にある線から引き，右側の線へと移動していく。

① 正しい位置に定規を当て，右側が基準であることを考慮し下から上に向けて線を引く。

② T定規に沿って線引き用の定規を移動させ，次の位置に合わせて①と同じ要領で線を引く。

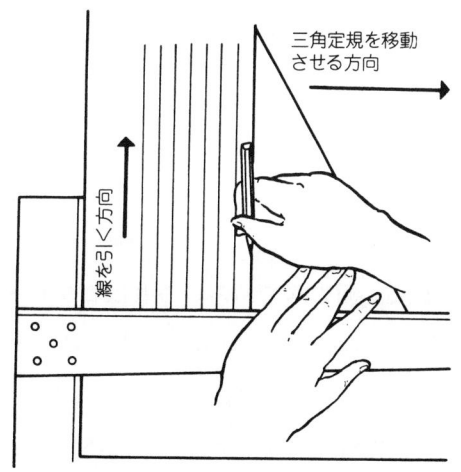

図1-25 垂直線の引き方

(3) 45°の斜線の引き方

45°-45°-90度三角定規を線引きに用いて斜線を引く。

・右上がりの斜線を引く場合（図1-26 (a)）

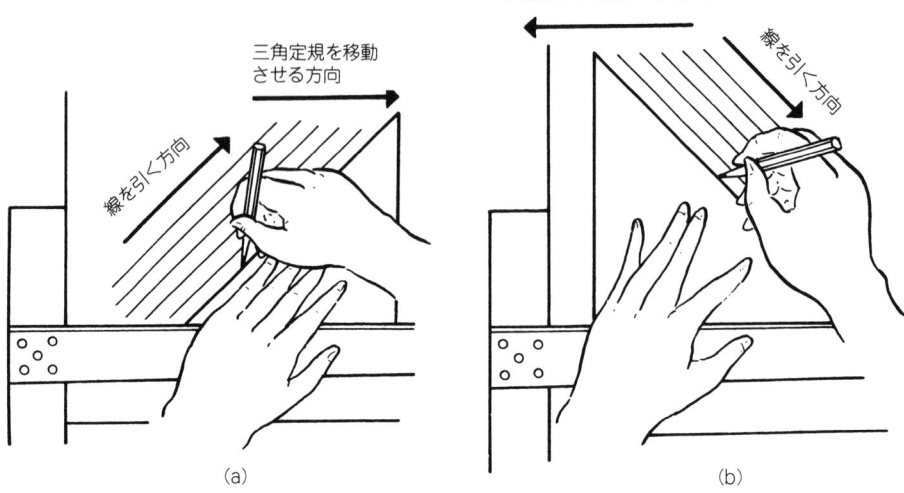

図1-26　45°の斜線の引き方

① 正しい位置に定規を当て，左下から右上に向けて線を引く。
② T定規に沿って線引き用の定規を移動させ，次の位置に合わせて①と同じ要領で線を引く。

・右下がりの斜線を引く場合（図 (b)）

① 正しい位置に定規を当て，左上から右下に向けて線を引く。
② T定規に沿って線引き用の定規を移動させ，次の位置に合わせて①と同じ要領で線を引く。

1.9 CAD

(1) CADの概要

　CADとはComputer aided designの略である。これはコンピュータの中に製品の形やそれに付随する様々な情報からつくられたモデルを作成し，検討を加えながら進める設計のことをいう。

　コンピュータは機械部分であるハードウェアと，内部の情報を処理するためにプログラムされたソフトウェアに分けて考えることができる。

　ハードウェアには主として，演算処理をする本体，情報を提示するモニタ，情報を印刷するプリンタやプロッタ，情報を入力する装置であるキーボードやマウス，タブレット，スキャナ，デジタルカメラなどがある。そのほかに，処理した情報を蓄えるための記憶装置としてハードディスクや，持ち運び可能な媒体がある。図1-27にハードウェアの概念

図を示す。

　ソフトウェアは様々なものがあるので，目的に応じて選び取る必要がある。CADも多くの種類が存在するため，使用者の用途に合わせて利用するとよい。

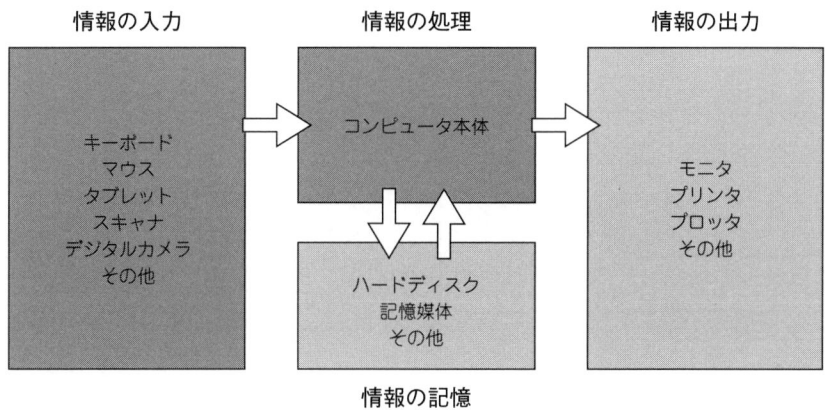

図1－27　ハードウェアの概念図

　近年はコンピュータも普及し，今後ますますの利用増が見込まれるため，他の製図用具とともに十分に習熟する必要がある。

（2）CADの利点と欠点

　CADを設計製図に用いた場合，従来の製図用具にはなかった様々な機能をもって設計を支援することが可能である。そこで，この項ではCAD使用に当たって考慮しなければならない利点と欠点を列挙する。

a．CADの利点

① 　図面を描くことについて
- 誰でも均一で正確な線を引くことができる。
- 図形の修正，複写，変形，移動，消去が容易である。
- 縮尺の変更が容易である。
- レイヤーという概念（透明の紙を重ねて一枚の絵をつくっていくという考え方）を利用し，それぞれに情報を分けて描くことで内容の整理が容易となる。図1－28にレイヤーの概念図を示す。

② 　データベース化について
- 蓄積した設計情報の整理，保管が容易である。

- 他の設計者や，企業間での情報の共有，交換，利用が容易である。
- インターネットやLAN（Local aria network：学校や会社などの限られた範囲でつくるネットワーク）の利用によって距離に束縛されない情報のやりとりが可能である。

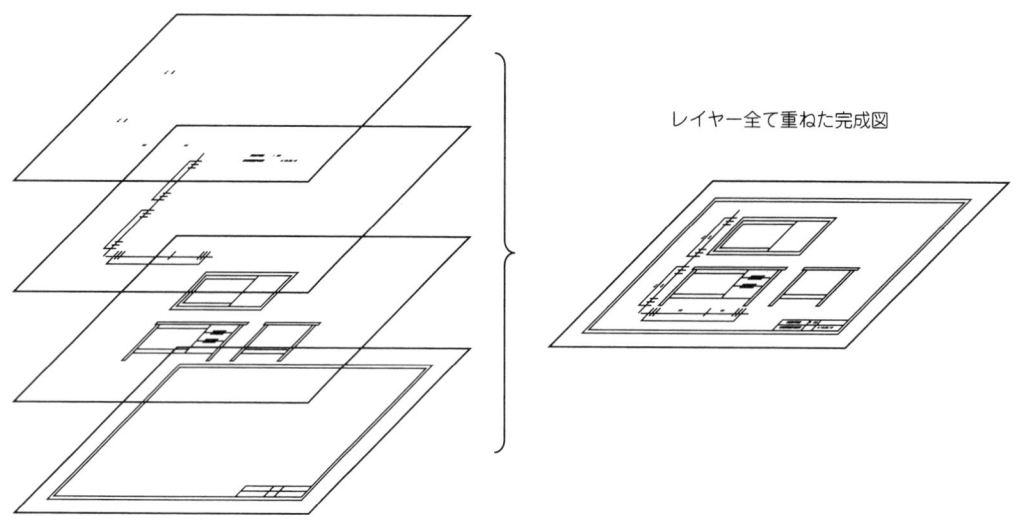

図1－28　レイヤーの概念図

③　その他
- デジタルデータは基本的に劣化がない。
- 生産工程まで含めてコンピュータを利用するCAM（Computer aided manufacturing）への応用が可能である。
- コンピュータグラフィックス（Computer graphics）を利用することでモデルの三次元化，質感表現，視点の変更，照明の変更，アニメーションなどの表現が可能となりプレゼンテーションに有効利用できる。

b．CADの欠点
①　ハードウェアに関して
- 一般的な製図用具に対してコストがかかる可能性がある。
- モニタの大きさと解像度によって，図面全体像と部分の関係が読みづらくなる可能性がある。
- 記憶媒体容量の物理的な限界という制限がある。

②　ソフトウェアに関して
- 一般的な製図用具に対してコストがかかる可能性がある。

・データ形式の違いがある。
・ソフトウェアの種類による操作性の違いがある。

③　その他

・目や手に掛かる負担という健康面の問題がある。

第2章 製図の基本

製図では，製作しようとする立体を紙という平面上に表現するが，いろいろな複雑な形状もすべて簡単な点，直線，円弧などの組み合わせによる図形で表現されている。

また，設計者の意志が図面を見るすべての人に正確に伝わらなければならない。

この章では，図面を効率的で正確に描くための基本事項を学ぶ。

第1節 製図の基本的事項

図面を作成する場合，図面作成者の意図が，図面を使用するすべての人に確実かつ容易に伝達されなければならない。そのため，JISに製図に関する各種の規約が定められている。

この節では，その主なものについて述べる。

1．1 製図用紙のサイズ及び図面の様式

（1）用紙のサイズの選び方・呼び方

製図用紙を選ぶ場合，図面に描こうとするものの必要とする明瞭さ及び細かさを保つことができる最小の用紙を用いるのがよい。

一般的には表2－1に示すA列サイズを用いるが，特に長い用紙が必要なときや，非常に大きな用紙が必要なときは表2－2の特別延長サイズ，表2－3の例外延長サイズをこの順に選んで使用してもよい。

製図用紙は，長辺を横方向又は縦方向のいずれにしてもよい。

表2－1　A列サイズ（第1優先）

単位mm

呼び方	寸　法
A0	841×1,189
A1	594×841
A2	420×594
A3	297×420
A4	210×297

表2－2　特別延長サイズ（第2優先）

単位mm

呼び方	寸　法
A3×3	420×891
A3×4	420×1,189
A4×3	297×630
A4×4	297×841
A4×5	297×1,051

（2）図面の様式

a．図面の輪郭

図面に盛り込む内容を記載する範囲を明らかにし，また，用紙の縁から生じる損傷で，記載事項を損なわないように保護するため，図面には輪郭を設ける。

これらの輪郭の幅は，Ａ０及びＡ１サイズに対して最小20mm，Ａ２，Ａ３及びＡ４サイズに対して最小10mmであることが望ましい（図２－１のc）。

また，穴あけのためのとじ代を設けてもよい。このとじ代は，最小幅20mm（輪郭を含む。）で，表題欄から最も離れた左の端に置く（図２－１のd）。

図面の輪郭に用いる輪郭線は，太さ0.5mm以上の実線とする。

表２－３　例外延長サイズ（第３優先）

単位mm

呼び方	寸法
A0×2	1,189×1,682
A0×3	1,189×2,523
A1×3	841×1,783
A1×4	841×2,378
A2×3	594×1,261
A2×4	594×1,682
A2×5	594×2,102
A3×5	420×1,486
A3×6	420×1,783
A3×7	420×2,080
A4×6	297×1,261
A4×7	297×1,471
A4×8	297×1,682
A4×9	297×1,892

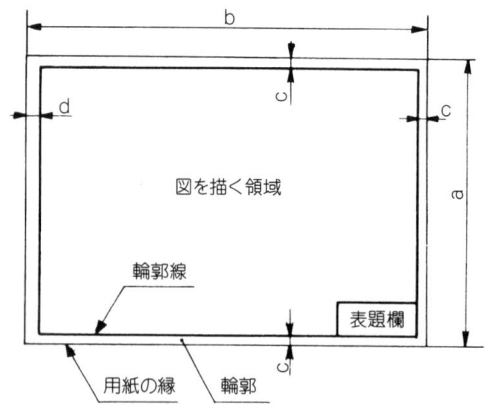
(a) Ａ０からＡ４で長辺を左右方向に置いた場合

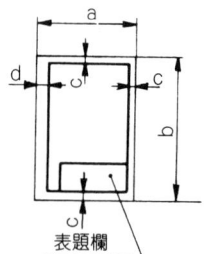
(b) Ａ４で短辺を左右方向に置いた場合

図２－１　図面の様式

b．表題欄

図面を特定する事項（図面番号，図名，作成元など）を記入する部分を表題欄といい，その位置は図２－１のように図面を描く領域内の右下隅にくるようにするのがよい。

1.2 尺　　度

　図面は便宜上，実物に対していろいろな大きさで描くことができる。実物とまったく同じ大きさで描くことを現尺（原寸）といい，これに対して実物より小さく描くことを縮尺という。これとは逆に，実物より大きく描くことを倍尺という。そして，このような実物に対しての割合を尺度という。

　尺度の表し方は，A：Bのように比の形で表す。Aは描いた図形での対応する長さ，Bは品物の実際の長さである。

　例えば，尺度1：2は，実物の大きさより1/2の大きさに描いてあることになり，尺度2：1は，実物の大きさより2倍の大きさに描いていることになる。また，尺度1：1は，現尺である。

表2－4　推奨尺度

種別	推奨尺度		
縮尺	1：2,000	1：5,000	1：10,000
	1：200	1：500	1：1,000
	1：20	1：50	1：100
	1：2	1：5	1：10
現尺（原寸）	1：1		
倍尺	5：1	2：1	
	50：1	20：1	10：1

　製図に用いる推奨尺度は表2－4のとおりである。

　やむを得ず推奨尺度を適用できない場合には，中間の尺度を選んでもよい。

1.3　線の種類と用法

　図面の中の線は，図形の形を表したり，基準や中心を示したり，位置を特定したり様々な用途で用いられる。しかし，数多くの線が1枚の図面の中で交差すると図面は複雑になり読みとることが困難となる。

　これらの問題を防ぐため，一定の約束をして，それに基づいて線を引くようになっている。線は，(1) 形による分類，(2) 太さによる分類，(3) 用法による分類に分けることができる。

(1) 線　の　形

JISによって分類された線の種類で，主に使用されるものは次の4種類である。

実　　線　──────　連続した線
破　　線　──────　一定の間隔で短い線の要素が規則的に繰り返される線
一点鎖線　─・─・─　長短2種類の長さの線の要素が交互に繰り返される線
二点鎖線　─‥─‥─　長短2種類の長さの線の要素が長・短・短・長・短・短の順に繰り
　　　　　　　　　　　返される線

(2) 線の太さ

製図で使用される線は，極太線，太線及び細線の3種類があり，その太さの比は4：2：1である。同一図面に使用される同じ種類の線の太さは，統一して同じ太さにする。

また，線の太さは，0.13，0.18，0.25，0.35，0.5，0.7，1，1.4，2 mmを基準とする。

例えば，細線を0.13mmとすると，太線は0.25mm，極太線は0.5mmとなる。表2－5に線の太さの使用例を示す。

表2－5 線の太さの使用例

単位mm

細線	太線	極太線
0.13	0.25	0.5
0.18	0.35	0.7
0.25	0.5	1
0.35	0.7	1.4
0.5	1	2

なお，極太線は複雑な図面など，特に区別が必要な場合のほかは，なるべく用いないので，一般に使う線の太さを大別すれば，2種類ということになる。

線の種類による呼び方は，表2－6のとおりである。

表2－6 線の種類による呼び方

断続形式＼太さ	細線	太線	極太線
実線	細い実線	太い実線	（極太の実線）
破線	細い破線	太い破線	―
一点鎖線	細い一点鎖線	太い一点鎖線	（極太の一線鎖線）
二点鎖線	細い二点鎖線	（太い二点鎖線）	―

(3) 線の種類による用法

線の種類による主な用法は，表2－7に示すとおりである。また，図2－2に線の用法例として図面を示す。

表2－7 線の種類による用法（JIS B0001-2000抜すい）

線の種類	用途による名称	線の用途
太い実線	外形線	対象物の見える部分の形状を表すのに用いる。
細い実線	寸法線 寸法補助線 引出線 回転断面線 中心線 水準面線	寸法を記入するのに用いる。 寸法を記入するために図形から引き出すのに用いる。 記述・記号などを示すために引き出すのに用いる。 図形内にその部分の切り口を90°回転して表すのに用いる。 図形の中心線を簡略に表すのに用いる。 水面，液面などの位置を表すのに用いる。
細い破線又は太い破線	かくれ線	対象物の見えない部分の形状を表すのに用いる。
細い一点鎖線	中心線 基準線 ピッチ線	(1) 図形の中心を表すのに用いる。 (2) 中心が移動した中心軌跡を表すのに用いる。 特に位置決定のよりどころであることを明示するのに用いる。 繰返し図形のピッチをとる基準になる線。
太い一点鎖線	基準線 特殊指定線	基準線のうち，特に強調したいものに用いる。 特殊な加工を施す部分など特別な要求事項を適用すべき範囲を表すのに用いる。
細い二点鎖線	想像線 重心線	(1) 隣接する部分又は工具・ジグなどを参考に表すのに用いる。 (2) 可動部分を，移動中の特定の位置又は移動の限界の位置で表すのに用いる。 断面の重心を連ねた線。
波形の細い実線 又はジグザグ線	破断線	対象物の一部を破った境界，又は一部を取り去った境界を表す線。
細い一点鎖線で，端部及び方向の変わる部分を太くしたもの	切断線	断面図を描く場合，その切断位置を対応する図に表すのに用いる。
細い実線で，規則的に並べたもの	ハッチング	図形の限定された特定の部分を他の部分と区別するのに用いる。例えば断面図の切り口を示す。

26　木工製図

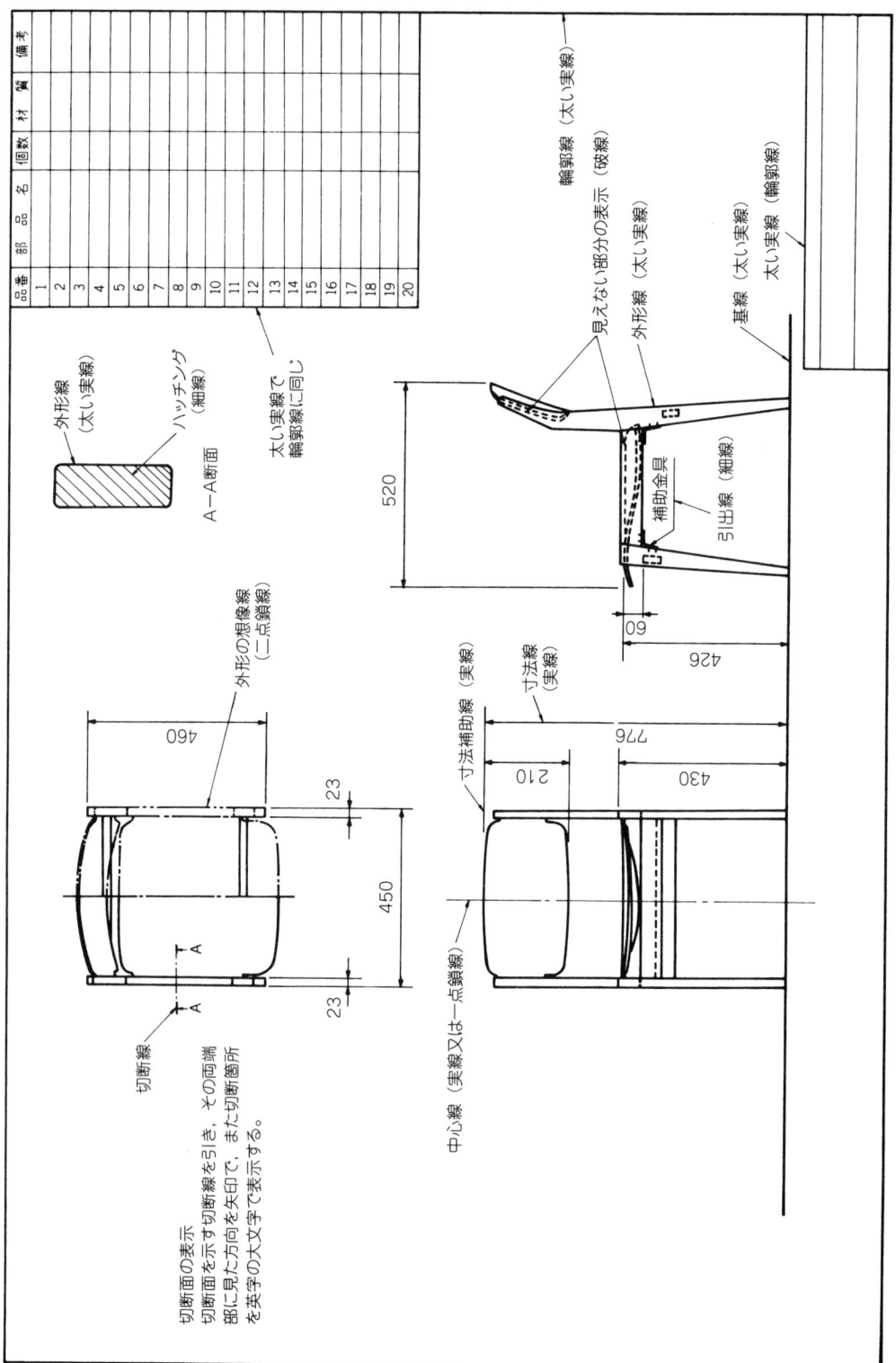

図2-2　線の用法例

以上のように製図は，品物の形状を用紙の上に線で描くものであるから，外見の形状だけを描いたのでは，図面としての価値はない。だからといって，見えない線もすべて同じように描いたのでは，複雑になりすぎてしまう。

いろいろな線の形，線の太さ，線の用法を理解し習得しなければならない。

1．4　文字の種類

図面の中の文字は，寸法の表示，表題欄，部品表，加工上の注意事項などのための記述用として，一般に用いられる。

それらの文字が，きれいに整然と正しく書いてあれば，描かれた図面そのものは，見やすく，わかりやすいものとなる。そこで，作図される線とともに，これらの文字を丁寧に，はっきり書くことが大切である。

（1）文字の種類

図面に記入される文字は，漢字，仮名（片仮名，平仮名），数字及び英字の4種類である。

a．漢字（図2－3）

漢字は常用漢字を用いる。画数の多い文字は，複写のときに不鮮明になるので，16画以上の漢字は，仮名書きにするのが望ましい。

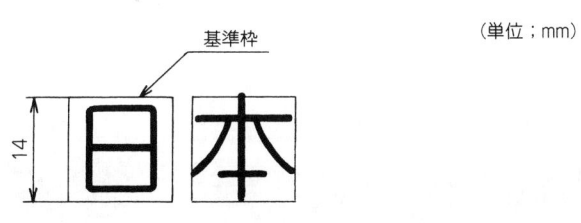

図2－3　漢字

b．仮名（図2－4）

仮名は平仮名又は片仮名のいずれかを用い，一連の図面においては混用はしない。ただし，外来語の表記に片仮名を用いることは混用とはみなさない。

(単位；mm)

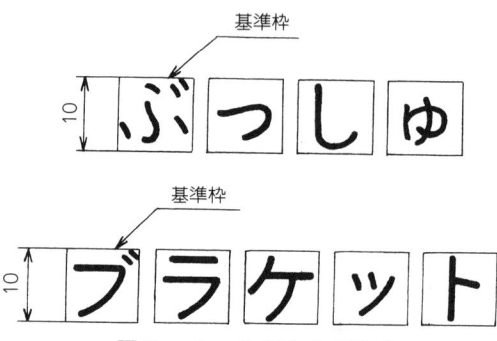

図2−4　片仮名と平仮名

c. 数字，英字（図2−5）

数字はアラビア数字，英字はローマ字を用いる。書体はA形斜体，A形直立体，B形斜体，B形直立体のいずれかを用いる。

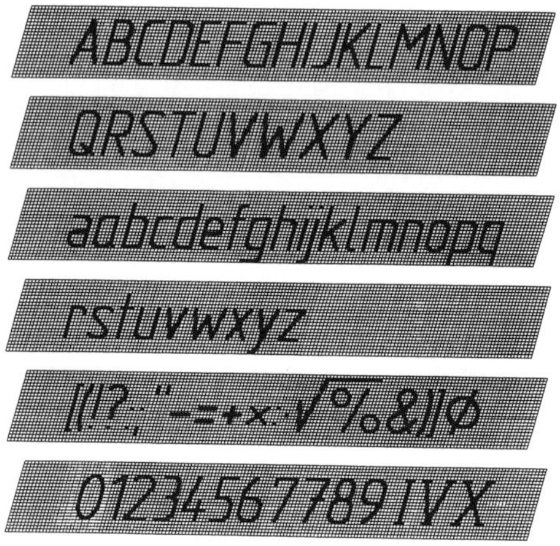

(a) A形斜体文字の書体 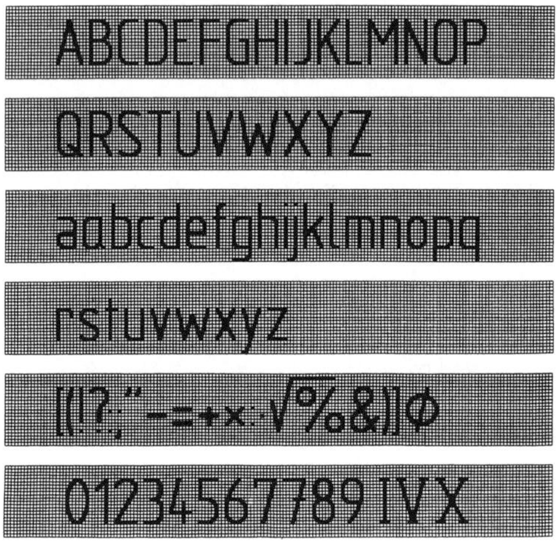　　　　　(b) A形直立体文字の書体

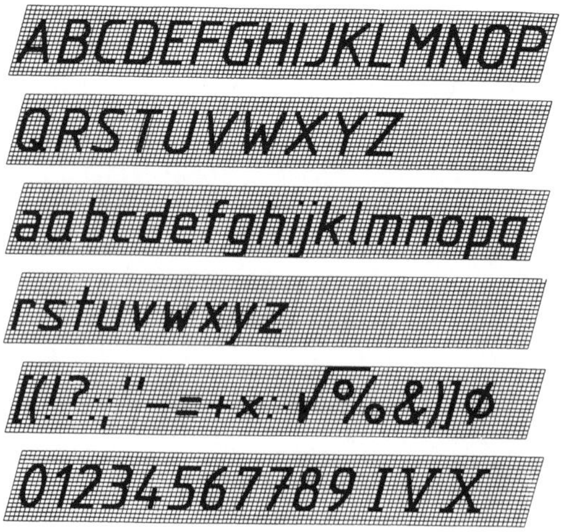

(c) B形斜体文字の書体 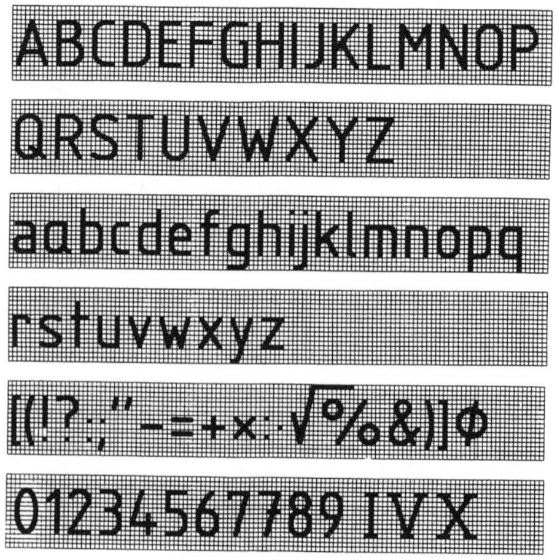　　　　　(d) B形直立体文字の書体

図2−5　数字，英字及び記号

（2）文字の大きさ

図面に記入される文字の大きさは，表2−8に示すとおりである。

表2−8　文字の大きさ

漢　　字	3.5，5，7，10，14，20mm
仮名、数字 英字	2.5，3.5，5，7，10，14，20mm

第3章 平面図法

用器画法は，幾何学的理論に基づき，図形を描く方法である。
用器画法を製図に活用することにより，図面を正確に，速く描くことができる。
これらの図法は，2つに大別され，平面的に描くものを平面図法，立体的に描くものを立体図法という。この章では，主に平面図法について学ぶ。

第1節　平面図法

1.1　垂直線と直角

(1) **与えられた線分を2等分し，直角に交わる直線を描く方法**（与えられた線分をABとする。）（図3-1）

① 線分の一端Bを中心として，ABの半分より長い半径で円弧を描く。
② 線分の一端Aを中心として，同じ半径で円弧を描き，その交点をC及びDとする。
③ 交点C，Dを結ぶCDとABとの交点をEとすると，線分ABはEで2等分される。

これは，垂直2等分線の性質を利用した方法である。

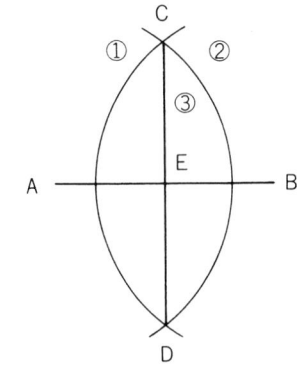

図3-1　与えられた線分を2等分し直角に交わる直線を描く方法

(2) **直線外の定点Pから直線上に垂線を立てる方法**（与えられた直線をABとし，定点をPとする。）（図3-2）

① 定点Pを中心に適当な半径で円弧を描き，ABとの交点をC，Dとする。
② C，Dを中心とし，同じ半径で円弧を描き，その交点をEとする。
③ PとEを結び，ABとの交点をFとするとPFはABに対する垂線となる。

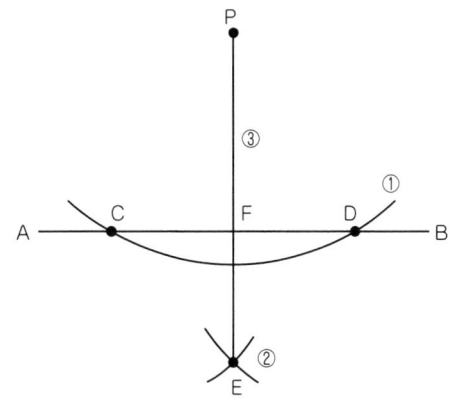

図3-2　直線外の定点Pから直線上に垂線を立てる方法

（3）直線上の定点Pに垂線を立てる方法（与えられた線分をABとし定点をPとする。）（図3－3）

① 定点Pを中心にして，適当な半径で円弧を描きABとの交点をC, Dとする。

② C, Dを中心にして，CPより大きい半径でそれぞれ円弧を描き，その交点をEとする。

③ EとPを結べば，EPは線分ABに対して垂直となる。

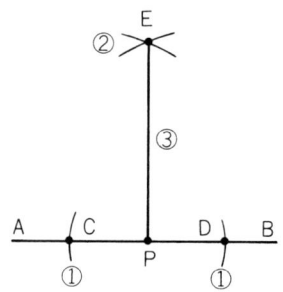

図3－3　直線上の定点Pに垂線を立てる方法

（4）直線上の一端に垂線を立てる方法Ⅰ（与えられた直線をABとする。）（図3－4）

① AB上に等間隔に4点取り，その4点目をCとする。

② Aを中心とし半径3の円弧を描く。

③ Cを中心とし半径5の円弧を描き，②との交点をDとする。

④ DとAを結べば，DAは線分ABに対して垂線となる。

これは，3：4：5の三角形（ピタゴラスの定理）を利用した方法である。

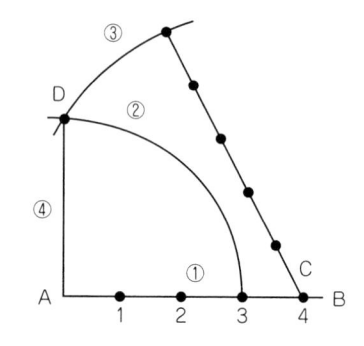

図3－4　直線上の一端に垂線を立てる方法Ⅰ

（5）直線上の一端に垂線を立てる方法Ⅱ（与えられた線分をABとする。）（図3－5）

① 適当なところに点Cを定め，CAを半径とする円弧を描く。

② その円弧とABとの交点をDとし，DCを結びその延長線と円弧の交点をEとする。

③ EとAを結べば，EAは線分ABに対して垂線となる。

これは，円の性質（直径の両端と円周上の点を結んでできる角は直角になる。）を利用したものである。

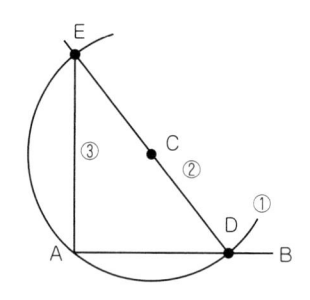

図3－5　直線上の一端に垂線を立てる方法Ⅱ

（6）直線上の一端に垂線を立てる方法Ⅲ（与えられた線分をABとする）（図3－6）

① Aを中心に適当な半径で円弧を描き，ABとの交点をCとする。
② 同じ半径で，同円弧上にCからD，DからEを取る。
③ D，Eを中心にして，適当な半径で円弧を描き，交点をFとする。
④ FとAを結べば，FAは線分ABに対して垂線となる。

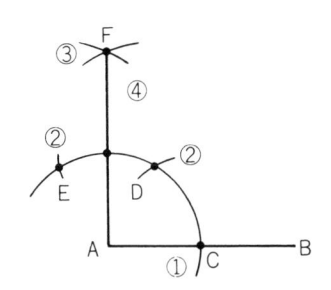

図3－6 直線状の一端に垂線を立てる方法Ⅲ

1．2　平　行　線

（1）与えられた直線に対する定点を通る平行線を引く方法（与えられた直線をAB，定点をPとする。）（図3－7）

① 定点Pを中心に，適当な半径で円弧を描き，ABとの交点をCとする。
② 同じ半径でCを中心に円弧を描き，ABとの交点をDとする。
③ Pを中心とする半径PCの円弧と，Cを中心とする半径PDの円弧との交点をEとする。
④ PとEを結べば，直線ABに対して平行線が引ける。

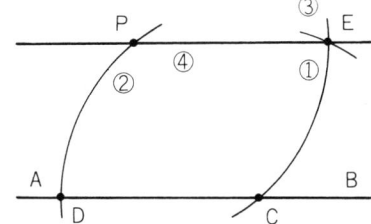

図3－7 与えられた直線に対する定点を通る平行線を引く方法

（2）与えられた平行線の間を，任意の数に等分する方法（スケールで5等分する）（与えられた平行線をAB, CDとする。）（図3－8）

① 与えられた平行線AB, CDに交わるようにスケールを当てる。
② この場合等分しやすいように目盛を合わせる（きりのよい数字に目盛を取る。）。
③ 分割した点が等分点であり，これらの点を通ってABに平行線を引く。

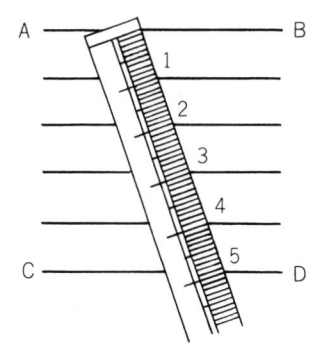

図3－8 与えられた平行線の間を，任意の数に等分する方法

（3）与えられた線分を任意の数に等分する方法

（与えられた線分をABとする。）（図3－9）

① 線分ABのA点から適当な角度で直線ACを引く。

② 等分したい任意の数だけ，A点からAC上に等間隔に1，2，3，4，……の，点を取り，最後の任意の数の点とBとを結ぶ。

③ 各点から，Bと最後の点を結んだ直線に平行線を引き，ABとの交点を1′，2′，3′，4′，……とすれば，この各点は線分ABを任意の数に等分した点となる。

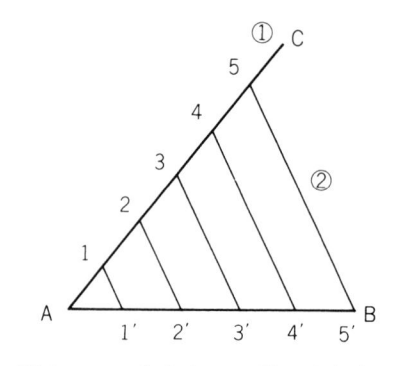

図3－9　与えられた線分を任意の数に等分する方法

1．3　角の等分

（1）角を2等分する方法（与えられた角を角BACとする。）（図3－10）

① 角の頂点Aを中心に適当な半径で円弧を描き，その交点をD，Eとする。

② DとEを中心にして，同じ半径で円弧を描き，その交点をFとする。

③ AとFを結べば，AFは角BACを2等分する。

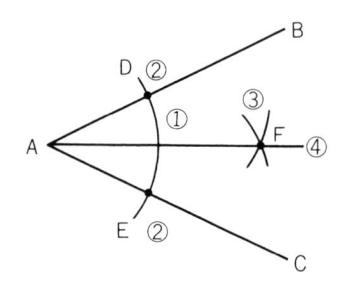

図3－10　角を2等分する方法

（2）直角を3等分する方法（与えられた直角を角BACとする。）（図3－11）

① 角の頂点Aより，適当な半径で円弧を描きAB，ACとの交点をそれぞれD，Eとする。

② D，Eを中心にして，同じ半径で円弧を描き，円弧DE上にF，Gを取る。

③ AとF，AとGを結べば，直角は3等分される。

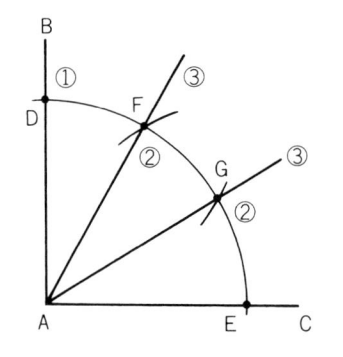

図3－11　直角を3等分する方法

1．4　多角形

（1）1辺が与えられた正三角形の作図（与えられた1辺をABとする。）（図3－12）

① 与えられた1辺ABのAとBを中心とし，ABを半径とする円弧を描き，その交点をC

とする。

② AとC，BとCをそれぞれ結べば，正三角形を作図することができる。

(2) **円に内接する正三角形の作図**（円の中心をOとする。）（図3－13）

① 円の直径ABの一端Bを中心にして，OBの長さを半径とする円弧を描く。

② 円周との交点をC，Dとする。

③ A，C，Dを順次結べば，円に内接する正三角形を作図することができる。

(3) **3辺の長さが与えられた三角形の作図**（与えられた3辺をa，b，cとする。）（図3－14）

① 1辺aに等しい線分ABを引く。

② Bを中心としてbの長さで円弧を描く。

③ Aを中心としてcの長さで円弧を描き，その交点をCとする。

④ AとC，BとCを結べば，求める三角形を作図することができる。

(4) **1辺が与えられた正方形の作図**（与えられた線分をABとする。）（図3－15）

① AB外の1点Oを中心とし，OAを半径R_1として円を描き，ABとの交点CとOを結ぶ。

② その延長と，円との交点をDとする。

③ ADを結び，その延長上でAB＝AEとなる点Eを求める。

④ E，Bを中心にABを半径R_2とする円弧を描き，交点Fを求める。

⑤ A，E，F，Bを結べば，求める正方形を作図することができる。

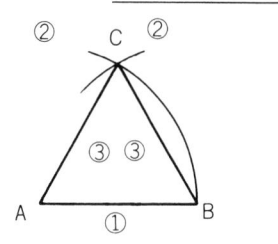

図3－12　1辺が与えられた正三角形の作図

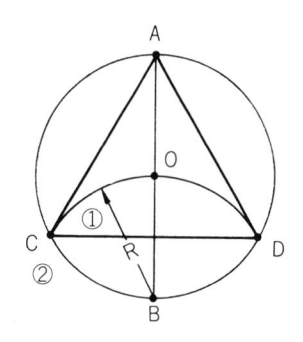

図3－13　円に内接する正三角形の作図

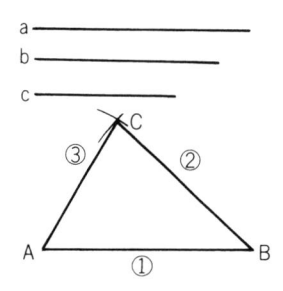

図3－14　3辺の長さが与えられた三角形の作図

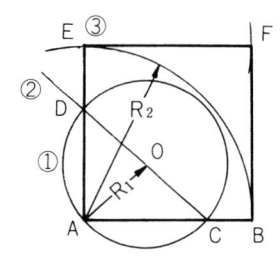

図3－15　1辺が与えられた正方形の作図

(5) 与えられた円に内接する正六角形の作図

（円の中心をOとする。）（図3－16）

① 円の直径ABを引く。

② AとBとを中心にして，AOを半径とする円弧を描き，円周との交点を順に結べば，正六角形を作図することができる。

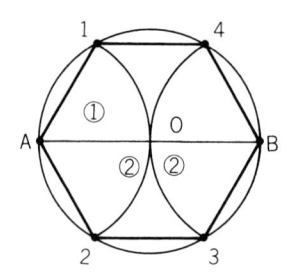

図3－16 与えられた円に内接する正六角形の作図

(6) 1辺の長さが与えられた正六角形の作図（与えられた線分をABとする。）（図3－17）

① 与えられた線分ABの両端AとBを中心として，ABを半径とする円弧を描き，その交点をOとする。

② Oを中心として，ABを半径とする円を描く。

③ 円周をABと等しく切り，これらの各点を結べば，正六角形を作図することができる。

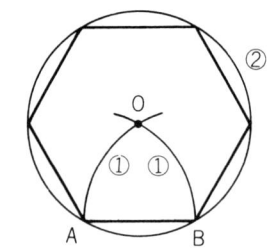

図3－17 1辺の長さが与えられた正六角形の作図

1．5 円及び円弧の作図

(1) 与えられた3点を通る円の作図（与えられた定点をA，B，Cとする。）（図3－18）

① 与えられた3点A，B，Cを結ぶ。

② AB，BCの垂直二等分線の交点Oを求める。

③ Oを中心とし，OBを半径として円を描けば，与えられた3点を通る円を作図することができる。

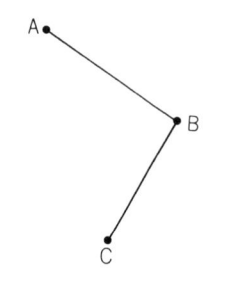

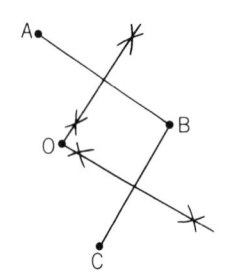

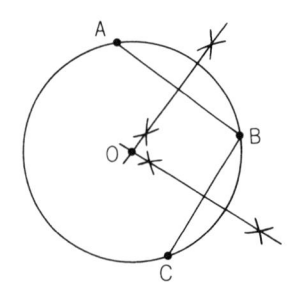

図3－18 与えられた3点を通る円の作図

（2）2直線が直角に交わる場合の円弧の作図

（与えられた直線をAB，BCとする。）（図3－19）

① Bを中心とし，半径Rの長さで円弧を描き，AB線上の交点をDとし，BC線上の交点をEとする。

② D，Eをそれぞれ中心としてRの長さで円弧を描き，その交点をOとする。

③ Oを中心とし，Rを半径として2直線に接するように円弧を描けば，求める作図をすることができる。

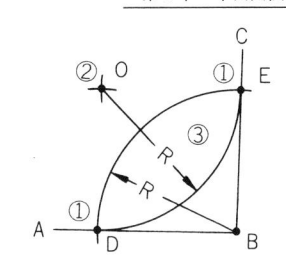

図3－19　2直線が直角に交わる場合の円弧の作図

（3）2直線が直角でない角に交わる円弧の作図

（与えられた直線をAB，CDとする。）（図3－20）

① 円弧の半径Rの距離にABに平行な線abを引く。

② CDからRの距離に平行線cdを引き，線abとの交点をOとする。

③ 交点Oを中心としRを半径として円弧を描けば，求める円弧を作図することができる。

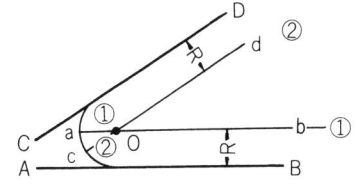

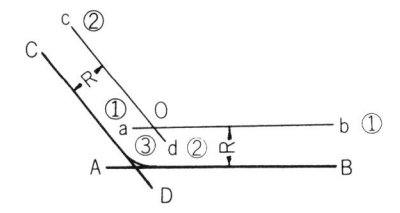

図3－20　2直線が直角でない角に交わる円弧の作図

（4）与えられた直線と円弧をつなぐための円弧の作図

（与えられた直線をAB，円弧の半径をr_1とする。つなぐ場合の半径をRの長さとする。）（図3－21）

① Oを中心として半径$r_2 = r_1 + R$　でabの円弧を描く。

② ABからRの距離に平行線cdを引き，abとの交点をO′とする。

③ O′を中心として半径Rの長さで円弧を描けば，求める円弧を作図することができる。

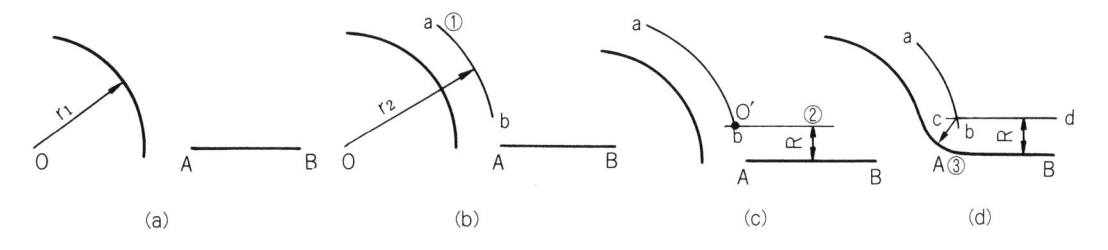

(a)　(b)　(c)　(d)

図3－21　与えられた直線と円弧をつなぐための円弧の作図

(5) 与えられた平行な2直線を円滑に結ぶ円弧の作図（与えられた直線をAB, CDとする。）（図3-22））

① BとCを結び，BC上に任意の1点Eをとる。

② BE，ECの垂直二等分線を引き，Bにおける垂線，Cにおける垂線との交点をそれぞれF，Gとする。

③ F，Gを中心に点BとE，点EとCを通る円弧を描けば，AB，CDは円滑な円弧の曲線を作図することができる。

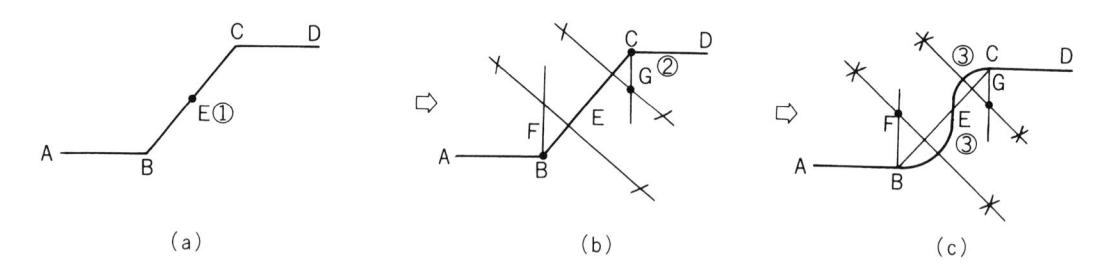

図3-22 与えられた平行な2直線を円滑に結ぶ円弧の作図

1.6 だ 円

（1）糸を使用する方法（図3-23）

① 描きたいだ円の長径をAB，短径をCDとしその直交する点をEとする。

② Cを中心としAEを半径とする円弧を描き，ABとの交点をF，Gとする。

③ F，Gに針を立て，それに三角形CFGとなるような輪にした糸をかける。

④ その輪に鉛筆を入れ，鉛筆の先とF，Gとで常に三角形をつくるように糸を張りながら鉛筆を動かしていくとだ円が得られる。

このF・Gは焦点といい，正確に描くためには糸の長さが変わらないことが大切である。

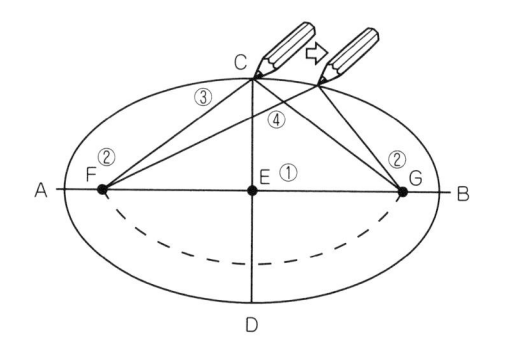

図3-23 糸を使用する方法

（2）同心円からだ円上の点を求める方法（図3-24）

① Eを中心とし，長径AB，短径CDをそれぞれ直径とする円を描く。

② Eから円を等分割する線を引く（ここでは12分割）。

③ 大きい円と分割線との交点からは垂直線を内側に，小さい円と分割線との交点からは水平線を外側に引く。

④ その垂直線と水平線の交点を曲線で結ぶとだ円が得られる。

　分割を細かくするほど滑らかなだ円が得られる。

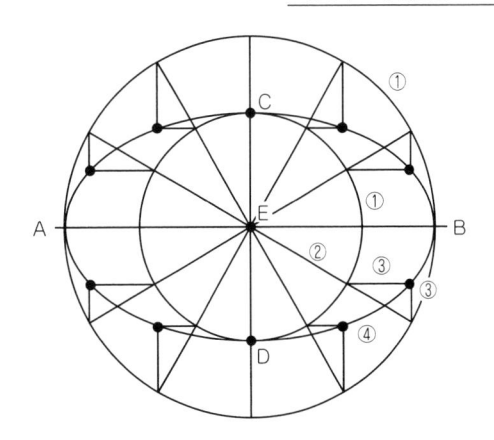

図3-24　同心円からだ円上の点を求める方法

（3）円弧を連結する方法（弧成だ円）（長径，短径を決める方法）（図3-25）

① 描きたいだ円の長径AB，短径CDを描く。

② CBを結ぶ。

③ Eを中心としEBを半径とする円弧を描き，CDの延長線との交点をFとする。

④ Cを中心としCFを半径とする円弧を描き，CBとの交点をGとする。

⑤ GBの垂直2等分線を引き，ABとの交点をH，CDの延長線との交点をIとする。

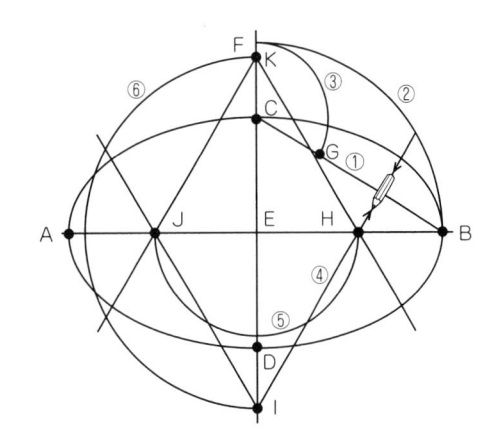

図3-25　円弧を連結する方法

⑥ Eを中心としEHを半径とする円弧を描き，ABとの交点をJとする。

⑦ Eを中心としEIを半径とする円弧を描き，CDの延長線との交点をKとする。

⑧ J，Hを中心としJAを直径とする円弧を描く。

⑨ K，Iを中心としCKを直径とする円弧を描く。

第4章 立 体 図 法

投影面に投影させることによって物の形や大きさを正確に描き表す方法が**投影法**である。この章では，対象物と投影図との関係及び各種投影法の特色と用い方について学ぶ。

投影法は投影する品物の置き方や投影の角度によって，図4－1のように区分することができる。

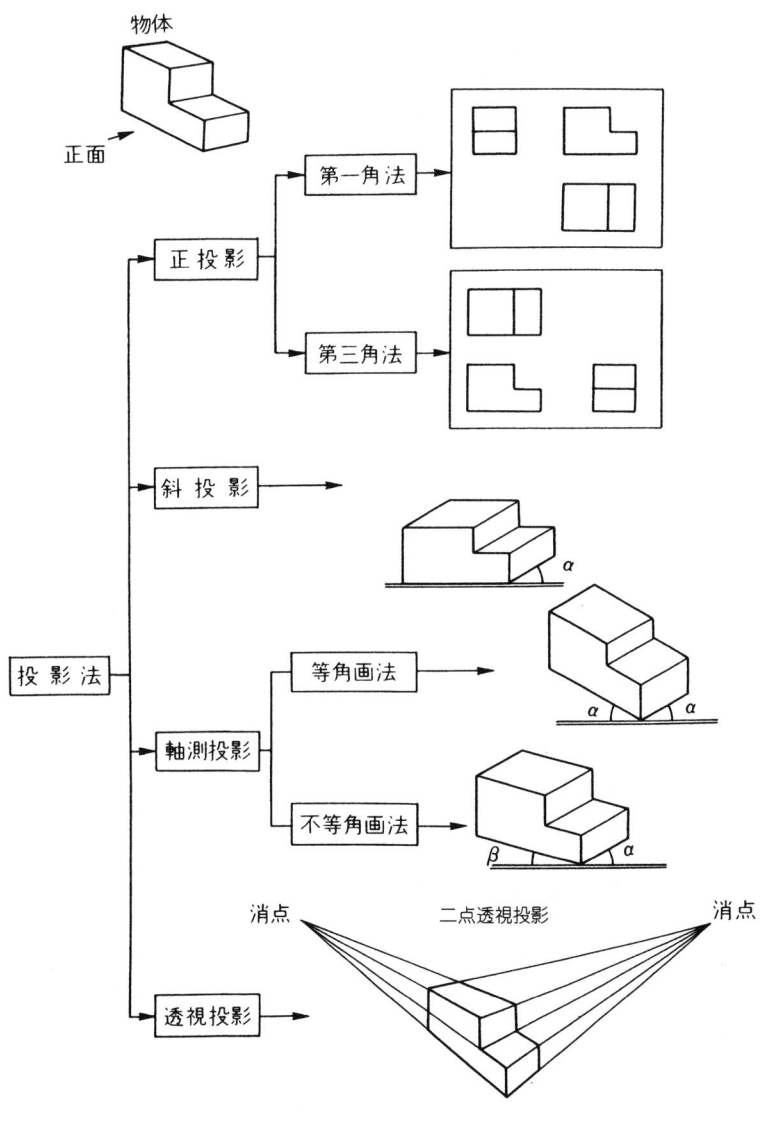

図4－1　投影法

第1節　正投影法

1.1　正投影

（1）正投影とは

　立体的な品物を平面に描き表し，人に正確に伝えるための製作図面として，一般的に使用されているのが正投影である。

　正投影は，1方向（前）からだけではなく上下左右からも品物を眺め，その見える形をそれぞれ図面にして立体を表現する方法である（図4－2）。

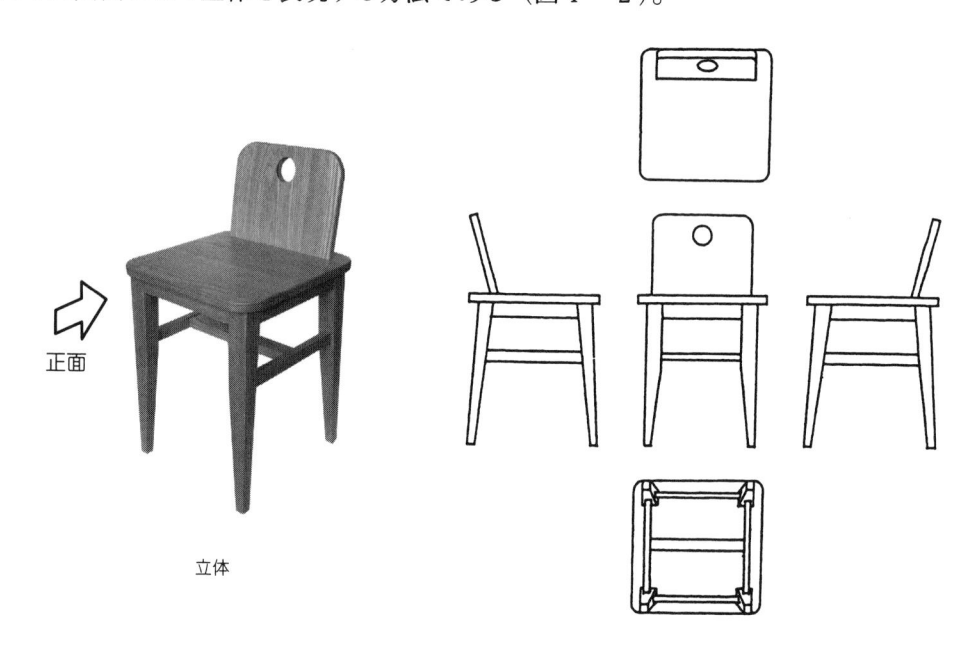

図4－2　立体をそれぞれの方向から眺める

（2）第一角法と第三角法

　2つの平面を互いに直角に交わらせると，空間を4つに仕切ることができる。この4つの空間を第一角，第二角，第三角，第四角とし，第一角に品物を置いて図を投影する方法を第一角法，第三角内で投影するものを第三角法と呼ぶ（図4－3）。

　第一角法では，品物を壁（投影面）の前に置いて，そのとき見える形を，品物を通り越して裏側に

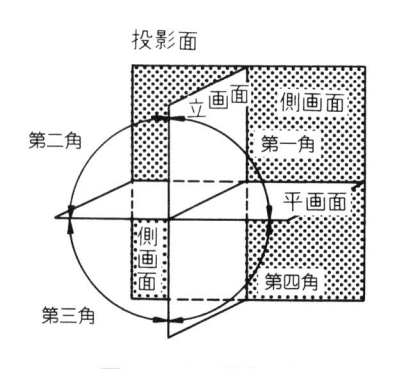

図4－3　投影面

ある投影面に描くものである。

これに比べて第三角法は，第三角の空間をガラスで囲った箱と考えて，その中に置いた品物を外側から見て，そのとき見える形をそのままガラス板に描いたものである。

したがって，第三角法は投影面が目と品物との間にあって，見たままの姿が図形として表されるので便利なことが分かる。

第一角の品物を第一角法で投影する場合，品物と投影面の関係は，図4－4（a）のようになる。このとき外側から平行光線を当てて，それぞれの後ろの面に投影したものを展開すると，投影図は，図（b）のように表される。図（c）は，第一角法であることを示す図記号である。

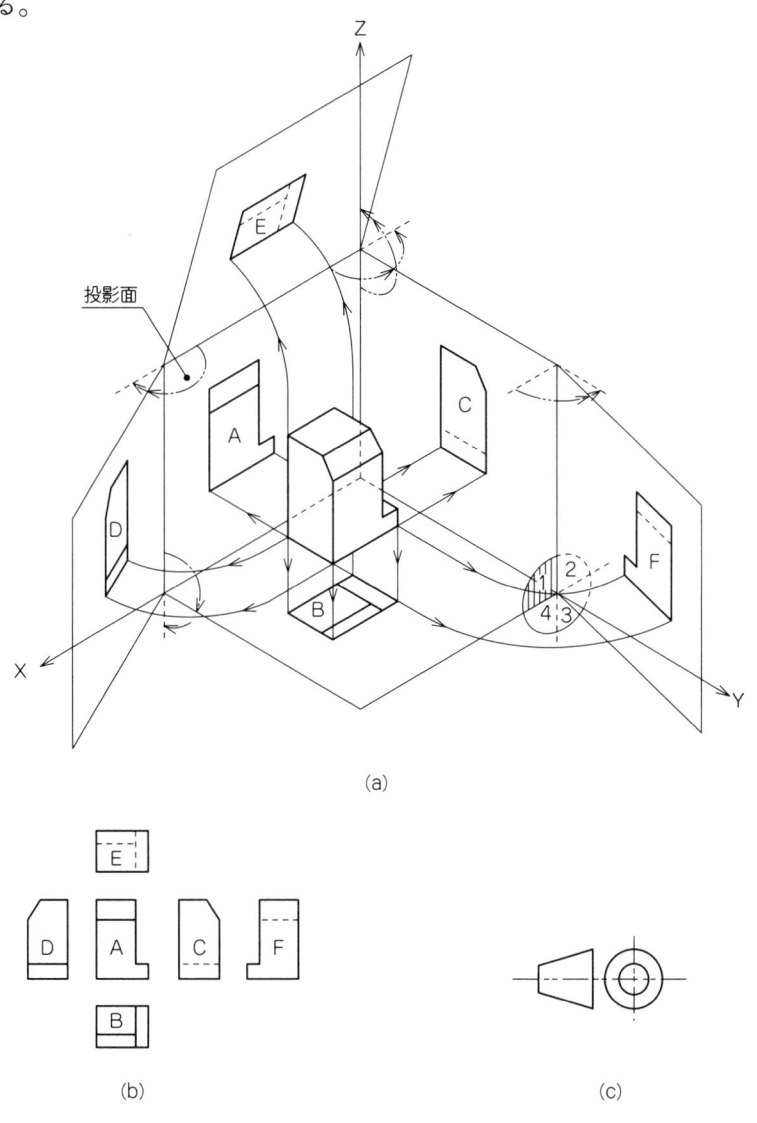

(a)

(b)　　　　　　　　　　　(c)

図4－4　第一角法による投影

また，同じ品物を第三角法で投影する場合を考えてみると，図4－5（a）のように品物がガラス箱の中にあると考え，そのまま見える形をガラス板に描き，矢印の方向に開く。

このとき投影図は，図（b）のように表される。投影された正面図は，第一角法も第三角法も同じ形で表されるが，側面図や平面図にその違いがでる。図（c）は，第三角法であることを示す図記号である。

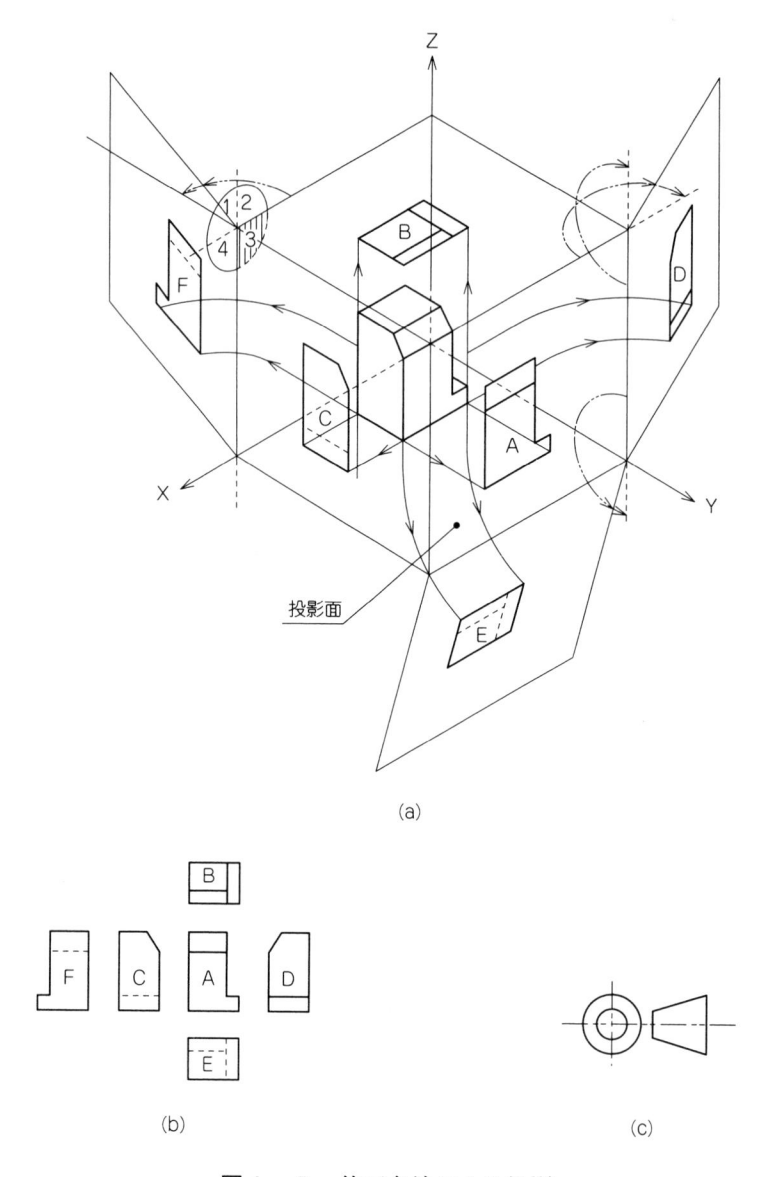

図4－5　第三角法による投影

同一図面内では，第一角法と第三角法を混用してはならない。現在は第一角法よりも第三角法が多く採用されている。この理由は，第一角法よりも第三角法の方に次のような利

点があるためである。

① 図面から直ちに品物が分かる。

品物を展開した場合と同じであるから，実物を理解しやすい。

② 図面が見やすい。

図面を描いたり読図をする場合，見る方向と図の位置が一致しており，図がすぐ隣にあるから描きやすく，また見やすい。

1．2　立体図法と規約

製図の生命は，正確に速く製図することである。速いことは製図者の必要条件であり，速く製図するためには，無駄な図形の表し方は極力避けて，直接生産に支障をきたさない範囲で，できるだけ理解しやすい方法をとることである。

1．2．1　図形の表し方

（1）正面図（主投影図）の選び方

その物体の特徴が，最もよく表されるような面を選び，それを正面とする。必ずしも，その物体の一般的な正面が，製図上の正面とは限らない。図4－6は，正面の選び方の例である。ここで，人の顔は正面から見た図が最も分かりやすい。また，馬ということが一見して分かるのは，馬を正面から見るのではなく，側面がよい。亀の場合は，正面や側面から見たものより，平面的に見た図が一番分かりやすい。

このように，その形状や機能を明確に表すことができる面を，製図上では正面図（主投影図）とし，この正面図を中心に，他の投影図を配置する。また，設計，組立，販売，サービス，保守の都合から正面図を決定する場合もある。

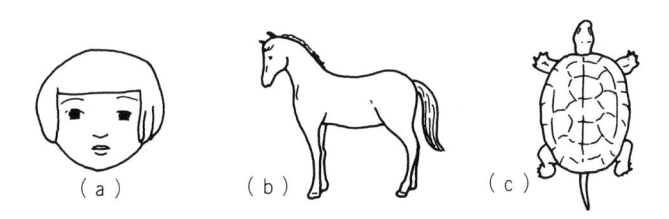

図4－6　正面の選び方の例

（2）必要な投影図

図4－7（a）の品物の投影図は，同図（b）のようになる。この品物の形状を知るには，正面図と側面の2つの投影図で足り，全部の投影図は不必要である。

(a) (b)

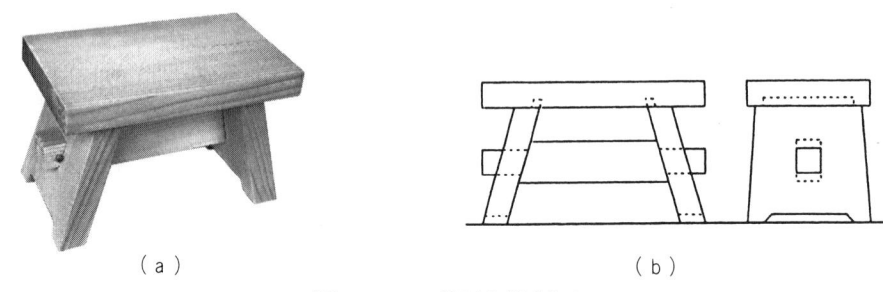

図4-7 必要な投影図

また，逆に，投影図から品物の形状を知るには，図4-8に示すような場合，正面図と平面図では，図(a)，(b)の2つの形状が考えられる。したがって，もう1つ，側面から見た図が必要になる。

以上のことから，投影図は不必要な図は省き，必要で十分な図を選ぶことが大切である。

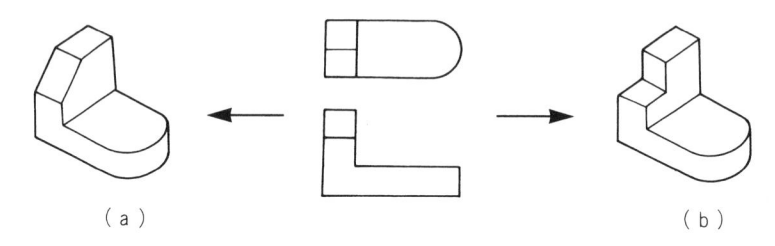

(a) (b)

図4-8 投影面から品物の形状を考える

1．2．2 図形の省略

(1) 対称なものの図形の省略

図形が対称な場合には，図4-9に示すように対称中心の片側を省略してもよい。

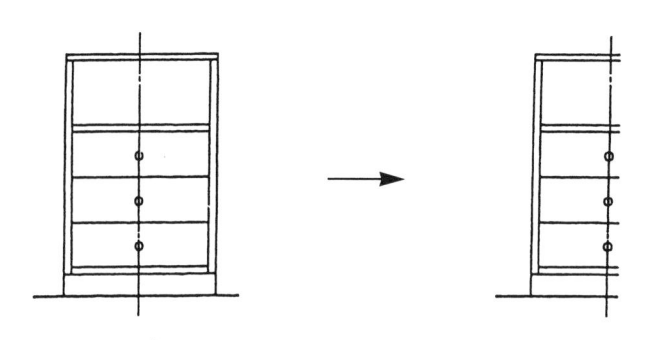

図4-9 整理箱正面図

(2) 繰り返し図形の省略

木ねじ，だぼなど同種，同形のものが連続して数多く並ぶ場合には，図4-10に示すよ

うに，その両端又は要所だけを図示して，ほかは中心線によって，省略した図形を示しておくのがよい。

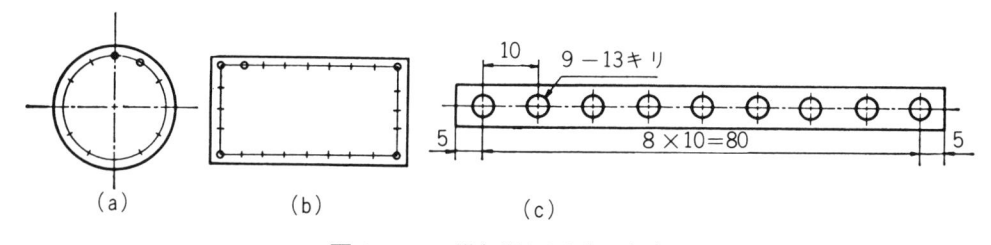

図4－10　繰り返し図形の省略

（3）図形の中間の省略

同一断面形状の部分が長い場合には，その中間部分を切り取って短縮図示できる。切り取った部分は**破断線**で示し，なるべく断面形状を表すのがよい（図4－11）。なお，要点だけを図示する場合，破断線を示さないでも破断してあることが明らかなときは，これを省略してもよい（117ページ技能五輪競技課題図②の脚部参照）。

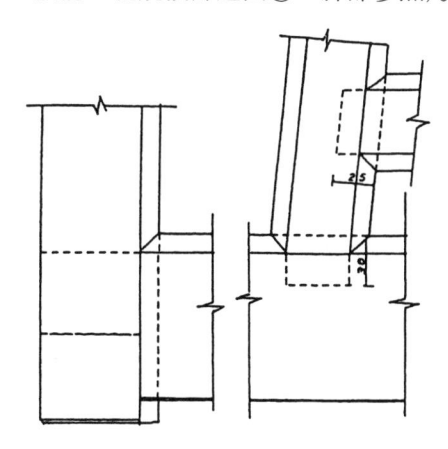

図4－11　図形の中間の省略

1．2．3　断面の表し方

品物のかくれた部分を分かりやすく表すために，品物を切断して外形線で示す方法を断面法といい，切断して表された図を**断面図**という。断面の活用によって，図の表し方が簡潔になり効果的になる。

（1）断面の表示

断面であることを分かりやすくする必要がある場合，断面に**ハッチング**又は**スマッジン**

グを施すことになっている（図4-12）。

ハッチングは中心線に対して，45°の細い実線で等間隔に施す。また，45°に施すと紛らわしい場合には，縦，横，その他任意の角度に施してもよい。

ハッチングの間隔は，図面の大小によって相違はあるが，普通，2～3mmが適当である。

また，スマッジングは薄く塗りつぶすことによって断面を表示する方法である。

図4-12　断面の表示

図4-13　片側断面の表示

（2）片側断面の図示

上下又は左右対称な品物で，外形図と断面図を同時に表す場合には，原則として，それぞれの対称中心線の上側又は右側を断面で表す（図4-13）。

（3）断面の回転図示

いすや額などの断面箇所又は切断線の延長上で，断面を90°回転して示してもよい（図4-14）。

（4）部分断面の図示

断面は必要な箇所だけを破って表し，破断線によって，その切断部を示す（図4-15）。

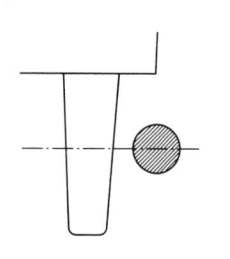

図4-14　断面の回転図示

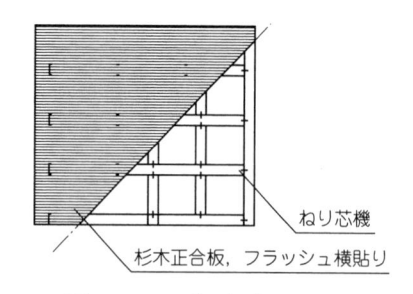

図4-15　部分断面の図示

（5）組合せによる断面の図示

切断面が一平面ではない場合，2つ以上の断面を組み合わせて断面図に示す。切断線を

記入し，切断線には，ABなどの記号を付け，断面には，「断面AB」などと記入する（図4－16）。

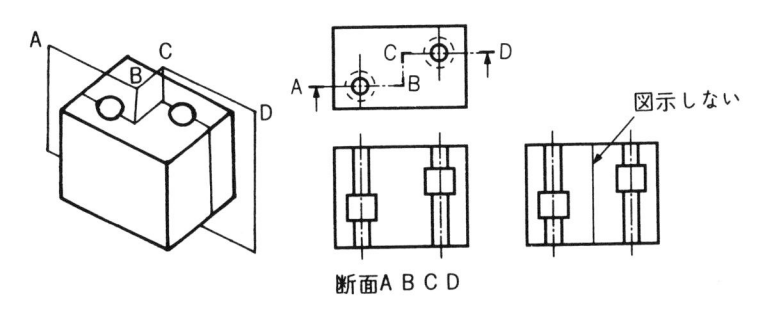

図4－16　組合せによる断面の図示

1．2．4　寸法記入に用いる線とその働き

　図面に描かれた図形から，その品物の全体像を想像することができる。しかし，図面に表された製品をつくるには，その大きさを知る必要がある。そこで，図面にその大きさを示す寸法を入れてやれば，全体を正確に読み取ることができる。

　JISでは，図面に記入された寸法を，誰にでも正確に読み取れるように，寸法記入の方法を決めている。

　図面を描いたり，読んだりするためには，次の点に注意すると同時に，JIS（Z 8317）による寸法の記入方法を理解し，慣れることが大切である。

・作る人の立場に立って，分かりやすい寸法を記入する。
・作業現場で計算しなくてもよいように，親切に寸法を記入する。
・寸法の記入漏れや，寸法の間違いのないようにする。
・図面が見やすいように，寸法を記入する。

（1）寸法の単位
a．長さ

　長さの単位は，原則として，ミリメートルで記入し，単位記号のmmは付けない。また，寸法の表示は，特に明示しない限り仕上がり寸法で記入する。

b．角度

　角度は一般に度で表し，必要であれば，分，秒を併用する。度，分，秒を表示するには，数字の右肩に，それぞれ「□°　□′　□″」を記入する。

（2）寸法の示し方

寸法は図4-17 (a), (b) に示すように，寸法線，寸法補助線を用いて記入する。線の太さは，いずれも細い実線を用いる。

a. 寸法線

寸法線は寸法を指示したい辺，間隔に平行に引き，寸法線の端には，端末記号（矢印，黒丸，斜線）を付ける（図 (c)，図 (d)，図 (e)）。

寸法線に付ける端末記号は，一連の図面では統一して用いることになっているが，間隔が狭くて矢印を記入する余地がないときは，黒丸，斜線を混用してもよい。

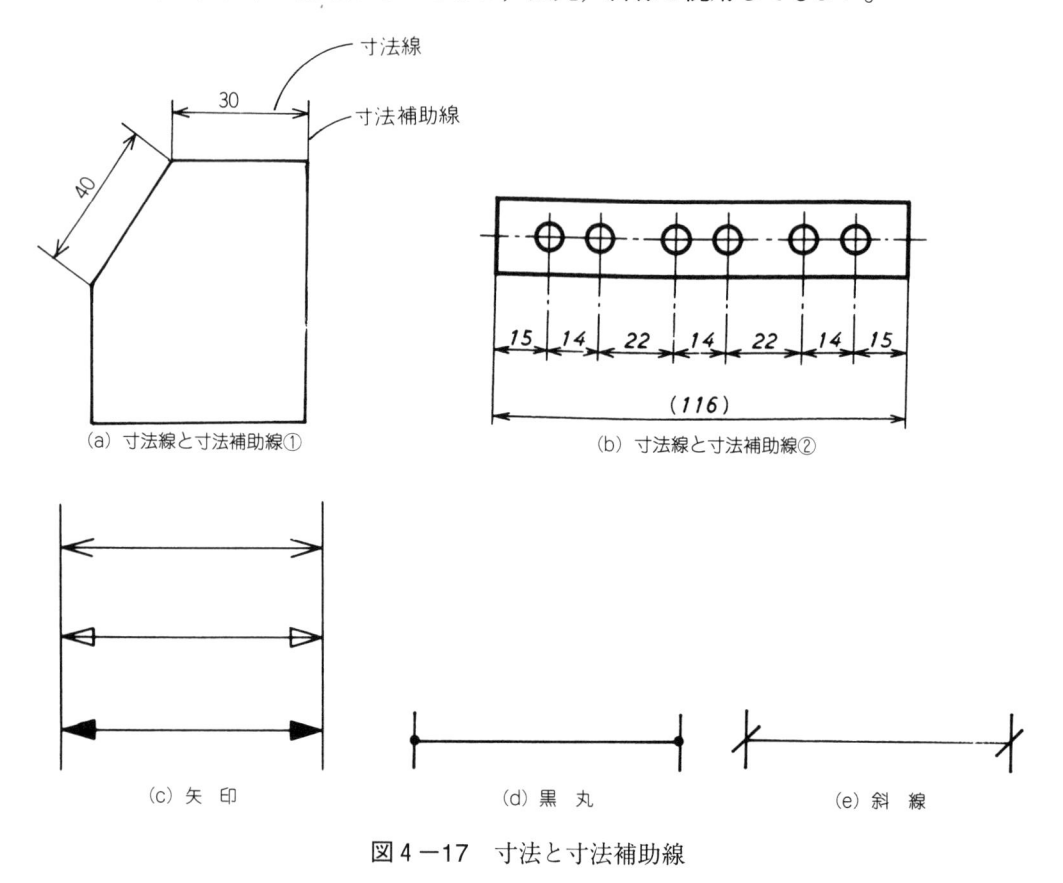

(a) 寸法線と寸法補助線①　　(b) 寸法線と寸法補助線②

(c) 矢 印　　(d) 黒 丸　　(e) 斜 線

図4-17　寸法と寸法補助線

b. 寸法補助線

寸法補助線は，寸法の位置を示すため，図形から引き出す線で，原則として寸法線と直角になるように引く線である（図4-18）。

図面の寸法表示は，寸法線，寸法補助線を用いて記入することが原則であるが，寸法補助線を引き出すと，図が紛らわしくなるときは，これによらなくてもよい。

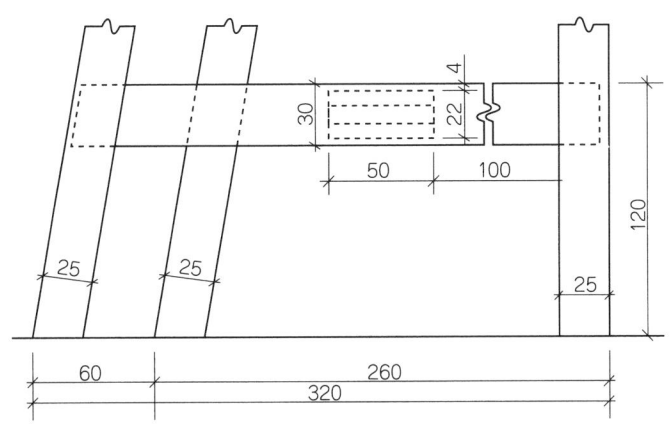

図4-18 寸法補助線の記入例

(3) 寸法記入の原則

図面に寸法を記入する場合は，次の点に留意し，適切な記入を行わなければならない。

a. 対象物の機能・製作・組立てなどを考えて，必要と思われる寸法を明確に図面に指示する。

b. 寸法は，対象物の大きさ，姿勢及び位置を最も明らかに表すのに，必要で十分なものを記入する。

c. 寸法は，なるべく主投影図に集中する。

d. 寸法は，重複記入を避ける。

e. 寸法は，なるべく計算して求める必要がないように記入する。

f. 寸法は，必要に応じて基準とする点，線又は面を基にして記入する。

g. 関連する寸法は，なるべく1箇所にまとめて記入する。

h. 寸法は，なるべく工程ごとに配列を分けて記入する。

i. 寸法のうち，参考として示すもの，すなわち参考寸法については，寸法数値に括弧を付けて記入する。

(4) 各種図面の寸法記入法

a. 寸法数値の記入は，図4-19 (a) のように，水平方向の寸法線に対しては，図面の下辺から，垂直方向の寸法線に対しては，図面の右辺から読めるように書く方法と，図 (b) のように寸法がすべて図面の下辺から読めるように書く方法とがある。一般には，(a) の方法を用いる。

斜め方向に引かれた寸法線に対しては，図 (c) による。また，同一の図面では図 (a)，図 (b) を混用してはならない。

(a)　　　　　　　　　(b)　　　　　　　　　(c)

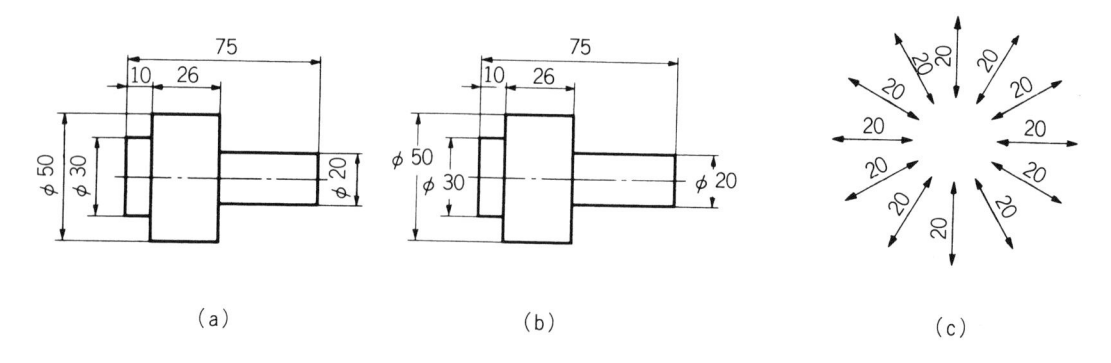

図4−19　寸法数値の記入①

b. 寸法線は互いに等間隔に離し，寸法数字はそろえて記入する。小さい寸法は内側に記入する（図4−20）。

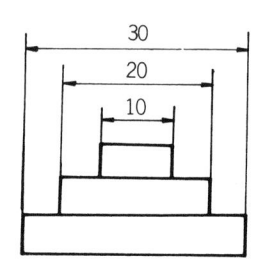

図4−20　寸法数値の記入②

c. 寸法線と外形線，寸法線と寸法補助線との交差は，できるだけ避けるようにするる（図4−21）。

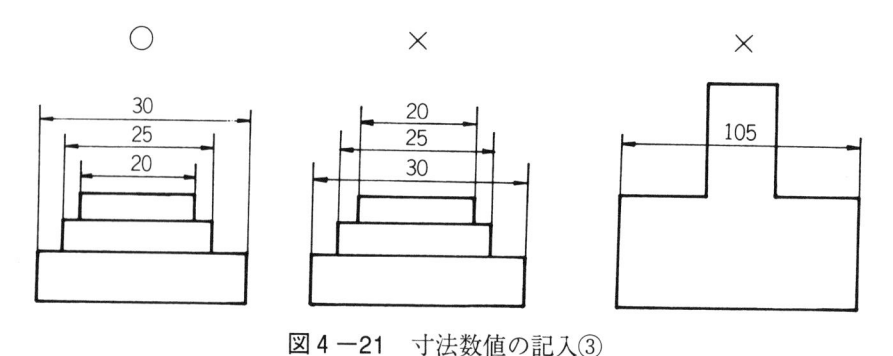

図4−21　寸法数値の記入③

d. 関連する寸法を記入する場合，一直線にそろえて記入し，寸法線を段階状に記入しない（図4−22）。

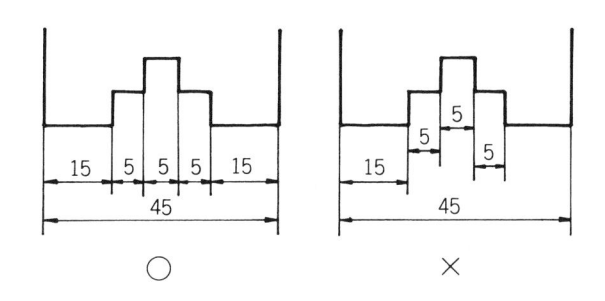

図4−22 寸法数値の記入④

e．寸法線の間が狭くて寸法数字を記入する余地がない場合，引き出し線を用いるか，寸法線を延長して図のように記入する（図4−23）。

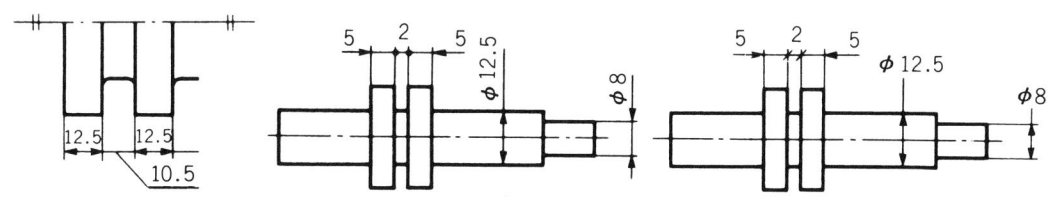

図4−23 寸法数値の記入⑤

（5）寸法補助記号の使い方

図形の理解を助けるために，寸法数字と並べてその部分の形状を示す記号が用いられる。これらの記号があることによって，その形を理解することができる。

これらの記号の「区分」，「記号」，「呼び方」，「用法」は，表4−1のとおりである。また，半径の表示例を図4−24に示す。

表4−1 寸法補助記号（JIS Z 8317-1999抜すい）

区　　分	記　号	呼び方	用　　　法
直径	φ	まる	直径の寸法の，寸法数値の前に付ける。
半径	R	あーる	半径の寸法の，寸法数値の前に付ける。
正方形の辺	□	かく	正方形の一辺の寸法の，寸法数値の前に付ける。
板の厚さ	t	てぃー	板の厚さの寸法の，寸法数値の前に付ける。
円弧の長さ	⌒	えんこ	円弧の長さの寸法の，寸法数値の上に付ける。
45°の面取り	C	しー	45°の面取りの寸法の，寸法数値の前に付ける。

(a)　　　(b)　　　(c)　　　(d)　　　　　　(e)

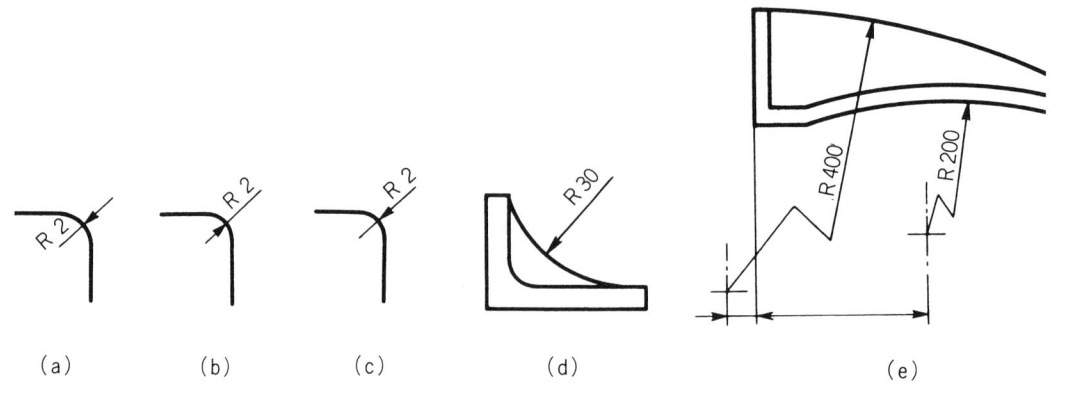

図4－24　半径の表示例

（6）曲線の寸法記入法

いくつかの円弧で結ばれている曲線は，それぞれの円弧の半径とその中心位置とを示して表す（図4－25）。

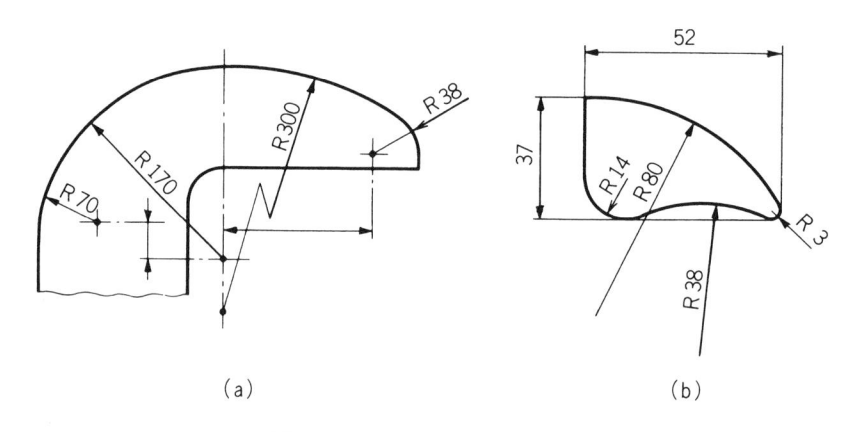

(a)　　　　　　　　　　　(b)

図4－25　曲線の寸法記入例

（7）角度の寸法記入法

寸法を示す数字は，原則として上向きと左向きに書くように規定されている。しかし，角度の場合はいろいろな方向が生じるので，図4－26のように記入するとよい。

以上は，JISの製図総則などから，最も必要と思われる部分について抜き書きしたものである。図面は，いずれの場合でも，決められた約束に従って，見る人の立場で分かりやすく，正確に描くことが大切である。

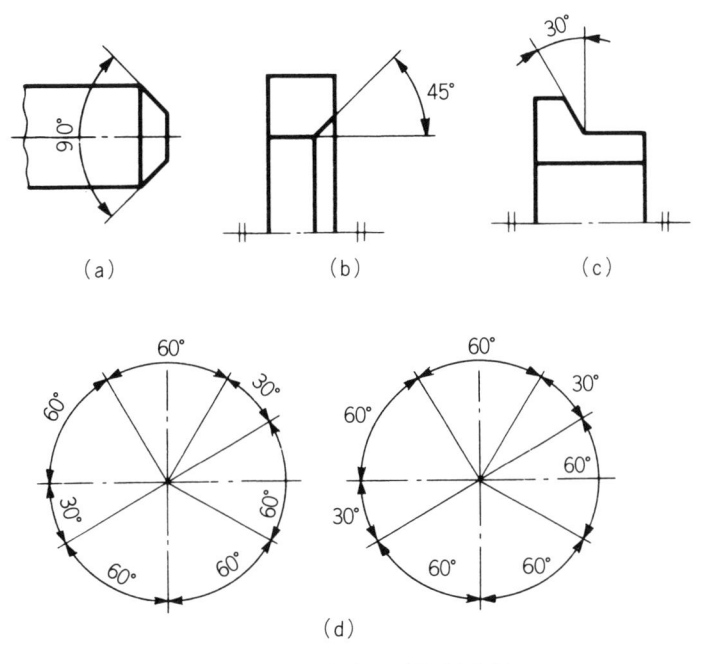

図4−26　角度の寸法記入例

1.3　第三角法による製図の要領と順序

1.3.1　製図の順序と注意事項

製図をするときは，特に次のような事項に注意して行う。

・製図板を置く場合は，前方にまくら木を置いて傾斜を付け，光線は左上方から取れるようにする。

・製図板の上では，T定規を上下に移動するので，用具が邪魔にならないように整然と置く。

・用紙が汚れないように，T定規，三角定規などの用具の汚れをふき取り，手もきれいに洗う。

・製図中は，なるべく紙面に直接手を触れないようにする。また，鉛筆の芯の粉で用紙が汚れないようにもする。不要な箇所は白い紙などで覆っておくのもよい。

1.3.2　製図の順序

（1）縮　尺　図

縮尺図は，尺度1：5又は1：10で描き，おおよその形と寸法を示し，簡単なものは，

この図面だけで製作される。

　品物の大小，用紙と図形の大きさ，及び図形の精粗も考えて尺度を決める。製図板に用紙を張ったら，次の順序で製図を行う。

　①　輪郭線を描く。

　図面を保護するため，周辺に余白を残して輪郭線を引き，この枠内に図面を適当に配置する（図4－27）。

図4－27　手順①

② 中心線，基準になる線を引く

正面図，側面図及び平面図を用紙面にバランスよく描くために位置を決める。正面，平面及び側面の重なり箇所が複雑にならないように配置する。

標題欄，部分表及び寸法記入の余地を考えておく。大まかなそれぞれの位置が決まれば，G.L（グランドライン），正面中心線及び平面中心線を引く（図4－28）。

③ 各投影図の輪郭の寸法を取りながら，薄く線を引く（図4－28）。

主要部分の外形線から引き始め，しだいに細かい部分へと引き進む。最初の引き始めは，薄い細い線で，高さ，幅を決める。

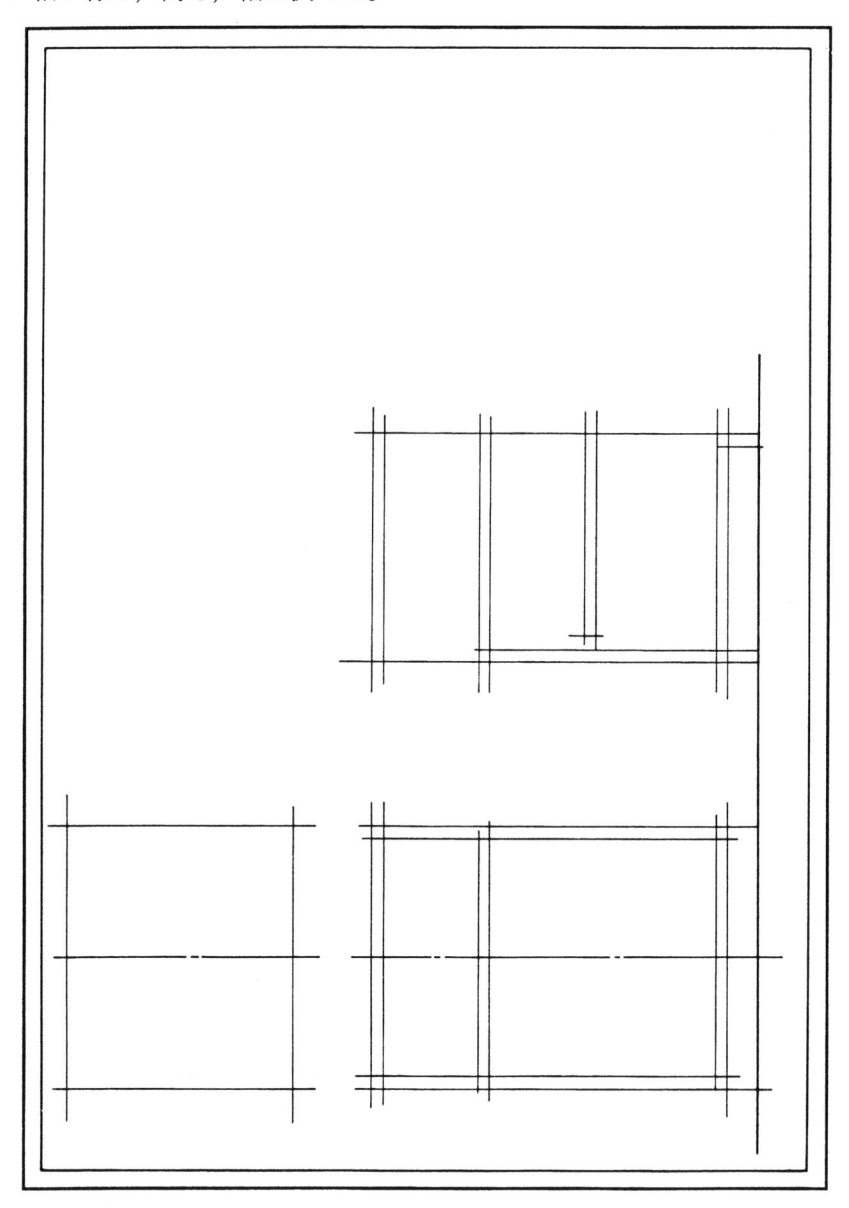

図4－28 手順②，③

④ 主要部分の外形線から引く。

　外形線は，円，円弧及び曲線の大きい部分から小さい部分へと引き，次に水平線（左から右へ），垂直線及び斜線（上から下へ）の順で引く（図4－29，図4－30）。

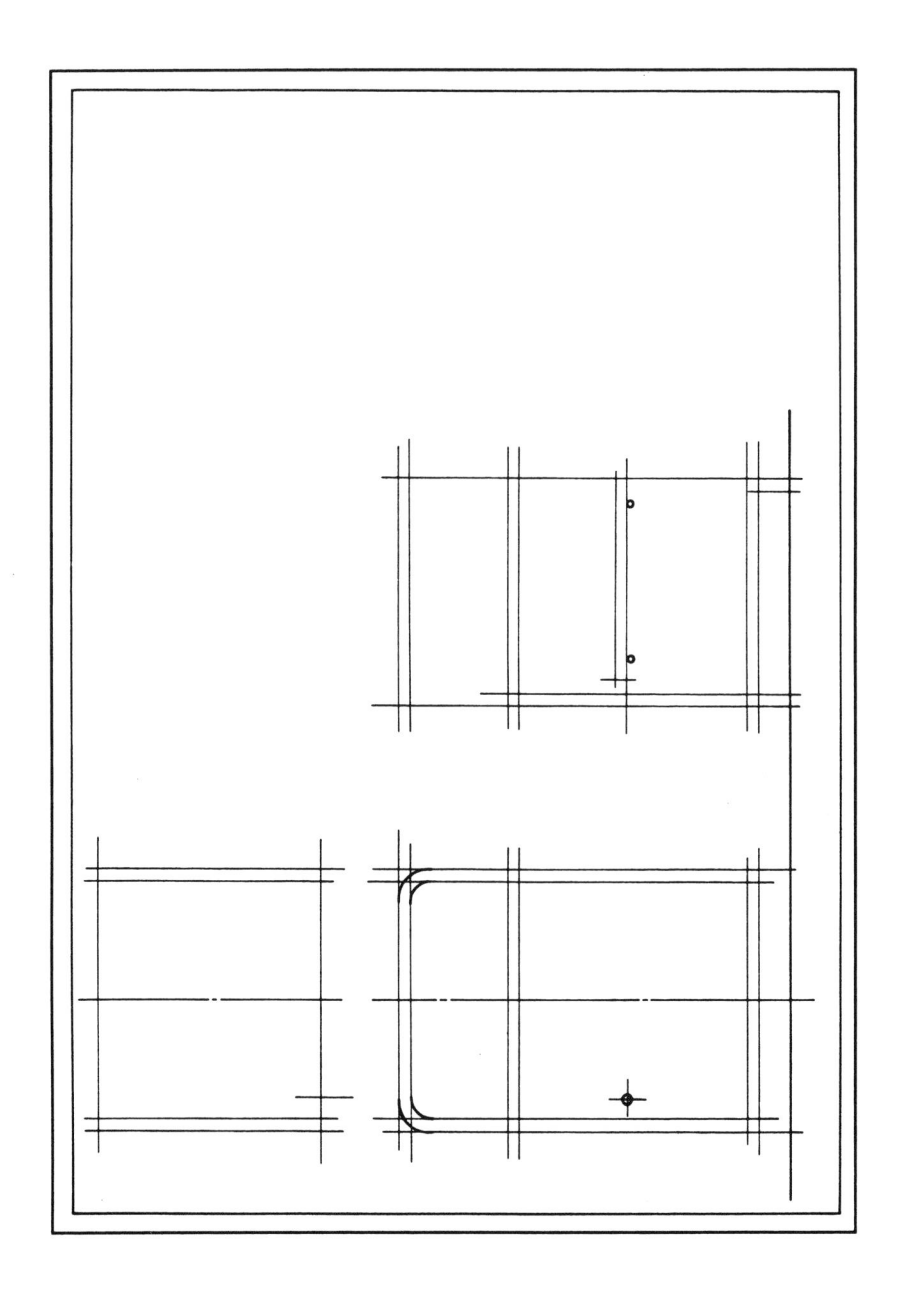

図4－29　手順④

⑤ かくれ線を引く。

かくれ線は,外形線と同じ順序で引く(図4−30)。

⑥ 切断線,想像線,破断線及びハッチングを引く(図4−30)。

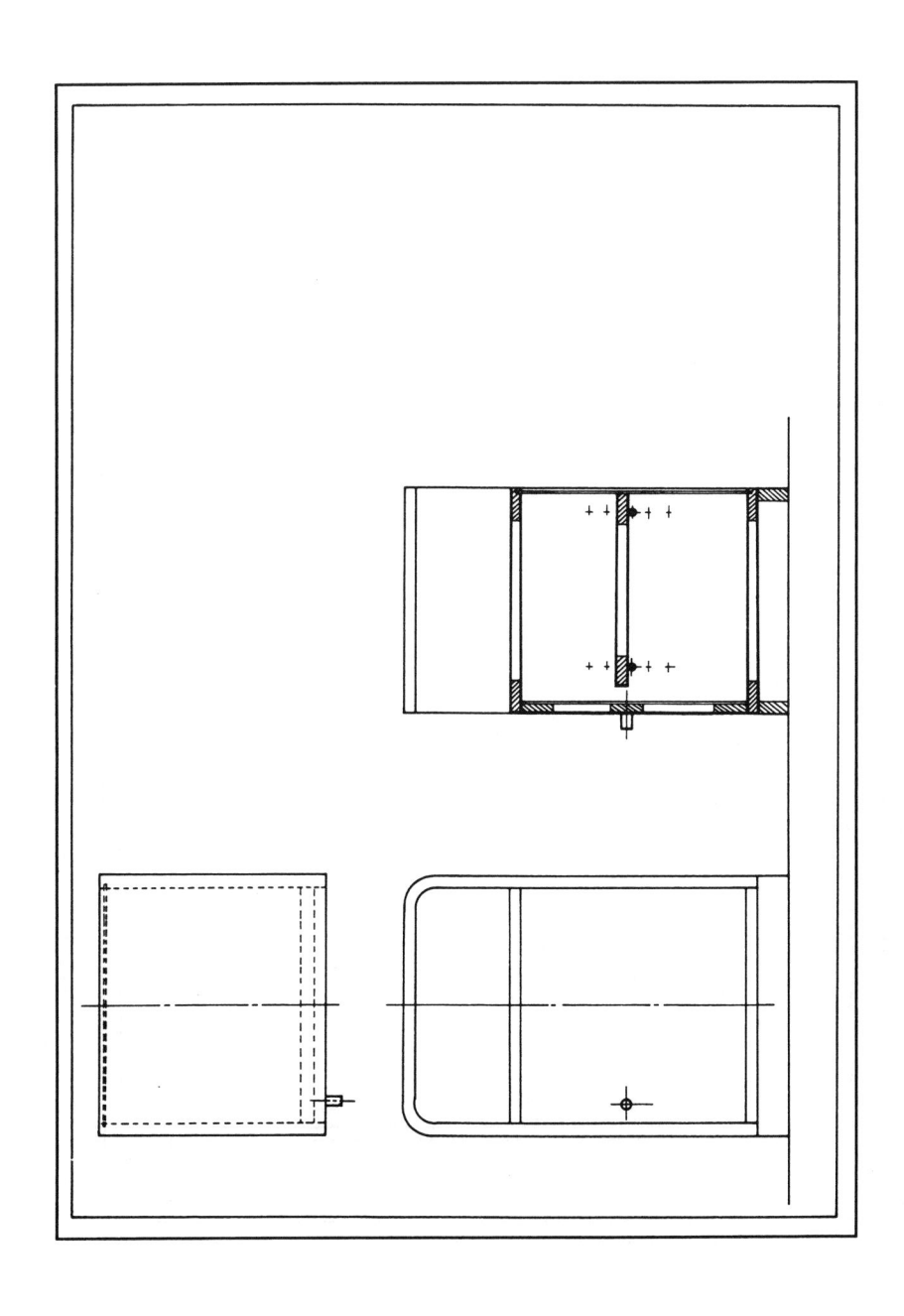

図4−30 手順④,⑤,⑥

⑦ 寸法線，寸法補助線を引く。

図形を全部描き終わったら，寸法線を引く。寸法線や寸法補助線を引いたときに，寸法数字を書き込む余白がないときは，引出線を付ける（図4-31）。

⑧ 矢印，寸法数字を書く。

矢印を付け，寸法数字を記入する，寸法数字の入れ間違いや寸法の誤り，記入漏れがないように注意する（図4-31）。

数字の大きさは，図面の大きさに合わせてバランスよい大きさにする。同一図面上では，同じ大きさ及び同じ書体で書く。

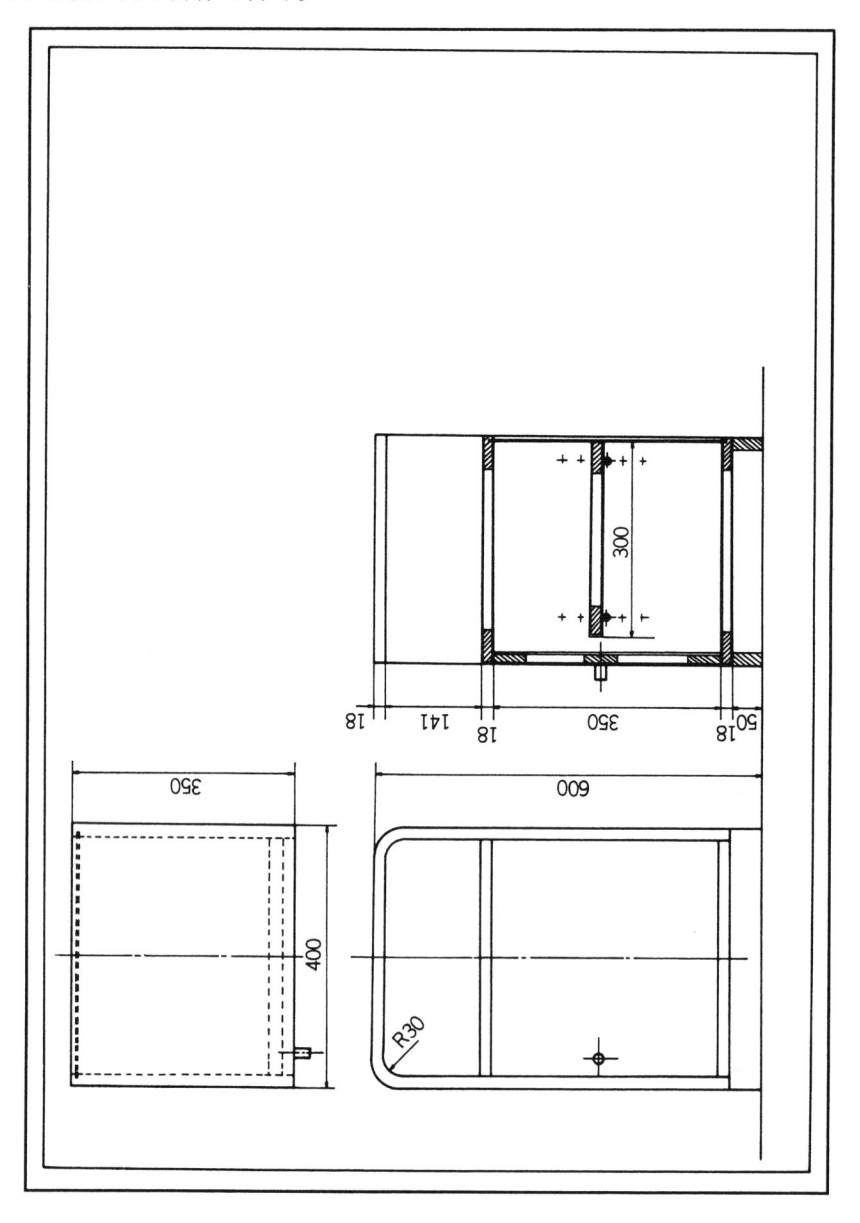

図4-31 手順⑦，⑧

⑨　部品番号を書く（図4−32）。

⑩　標題欄，部品表，縮尺などを書く。

標題欄，部品表，縮尺，その他の必要な文字を記入する（図4−32）。

・文字は，前述したように，図面の大きさに合わせバランスのよい大きさにする。

・書体はゴシック体のように書き，四角いっぱいに書く（自分の書体をマスターする。）。

・原則として横書きとする。

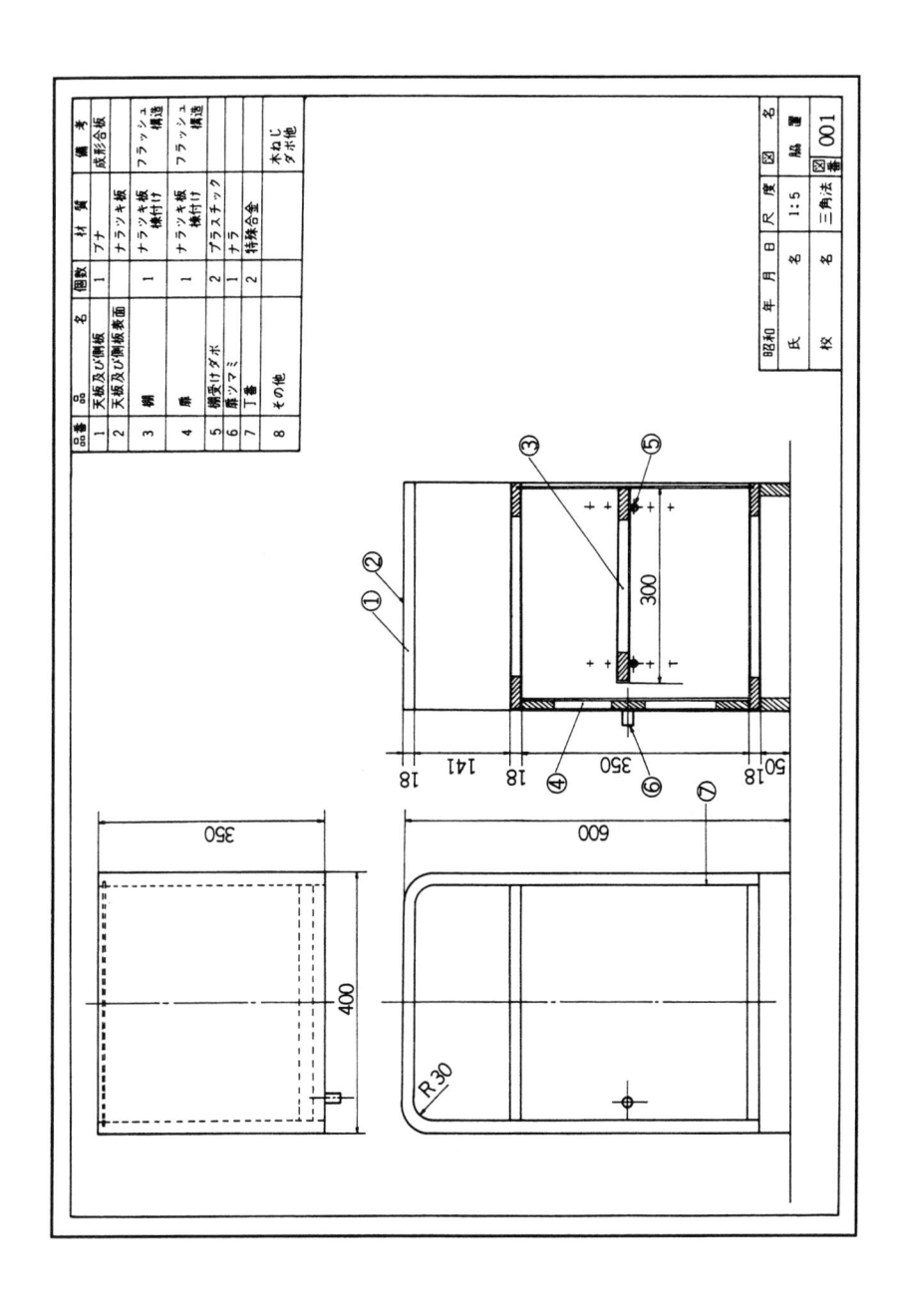

図4−32　手順⑨，⑩

以上の順序で製図が進行するが，途中，未確定のものが出てきたら，線を薄く引いておき，確定したらこれを仕上げる。

前にも述べたが，製図中はなるべく紙面に手を触れないようにし，不要な箇所は白い紙などで覆うか，手に薄い手袋をして，きれいな図面に仕上げるように心掛けることが大切である。

⑪ 検図をする。

最後に描き上げた図面に誤りがないか，もう一度確認する。

(2) 現尺図

現尺図は，設計上の細かい配慮を製作者に伝えるために，必要な図である。つまり，縮尺図では，示しにくい詳細部分や部品との関係位置は現尺図で示す。そこで，立面図と平面図を重ねたり，正面図と側面図（断面図）を重ねたりして用紙に納まるように工夫する。

また，製作する場合の接合部分の組合せや実長などを，現尺図から求めることもあるので寸法記入に当たっては，記入漏れのないよう十分に注意する。

基本的には，縮尺図を描く場合と同じである。

(3) 写図

元図の上にトレース紙をのせ，墨又は鉛筆で写し取るのを写図（トレース）といい，その図面を原図という。

トレース紙に直接鉛筆で描いた図面を原図とする場合が多い。原図を描く場合には，線の太さや種類ごとに描いていくと能率的であるが，大きな図面で，図形が細かい場合などは，一度に仕上げることが困難であるから，区分して描いてもよい。

(4) その他の図面

製作に必要なすべての情報を示す図面が製作図である。製作図には，現尺図，縮尺図，のほか，部分の詳細を示す詳細図，建物との取り合いを示す施工図，建具の姿図，数量，仕上げなどを一括して示す建具表，フリーハンドで描かれた図に寸法を記入したスケッチ図などもある。

第2節　軸測投影及び斜投影

2．1　軸測投影

　軸測投影は対象物の外観を立体的に表現する画法の1つで，誰が見ても簡単に形のイメージをとらえられる利点がある。

　空間で直交する対象物の主軸（幅・高さ・奥行き方向）を投影面に傾けた状態で正投影することにより，1つの投影面上に対象物の3面が描かれ，立体的で把握のしやすい図形が得られる。軸測投影の中でよく用いられるものには等角投影と二等角投影がある。

（1）等角投影

　等角投影は，対象物の3つの主軸の傾きを等しくして投影する方法である。そのため対象物の3面全てを同じように見ることができる。

　図4－33のように投影面上では3つの主軸がお互いに120°の角度をなし，点Oを通る水平線に対してOX，OYは30°の角度で描かれる。このとき立方体の各面に内接する円は，図4－34のように各面の対角線の方向を長軸とするだ円となり，3つの面とも同じ形になる。

　軸測投影は投影面に対して軸を傾けて投影するため主軸の長さは実長より短く投影されることになる。等角投影の場合は縮み率が3軸とも等しく0.816となるが，見取り図など簡単に形状が分かれば良い場合には，縮み率を無視して実長を用いて描かれる場合が多い。これは全体を1.225倍にして表現したと考えることが出来る。

　等角投影図は斜眼紙や菱眼紙（りょうがんし）と呼ばれる等辺三角グリッドが描いてある用紙を使用すると容易に描くことができる。

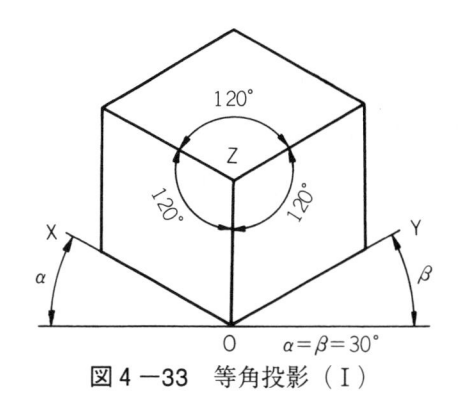

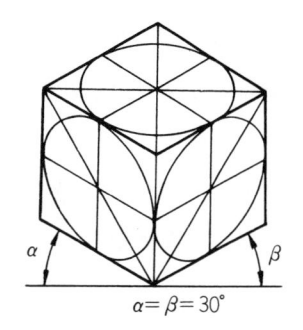

図4－33　等角投影（Ⅰ）

図4－34　等角投影（Ⅱ）

（2）二等角投影

二等角投影は対象物の主要な面を特に見やすく表現したい場合に使用する。対象物の主要な面の幅：高さの尺度を１：１，奥行き方向を縮尺とすることで表される。

これらの画法により作図された説明図や部品表などが，広範囲に利用されている。子どもにもわかりやすいため，プラモデルの組立て図などに用いられているのはその好例である。

図４－35に同じ品物を等角投影と二等角投影で描いた作例を示す。

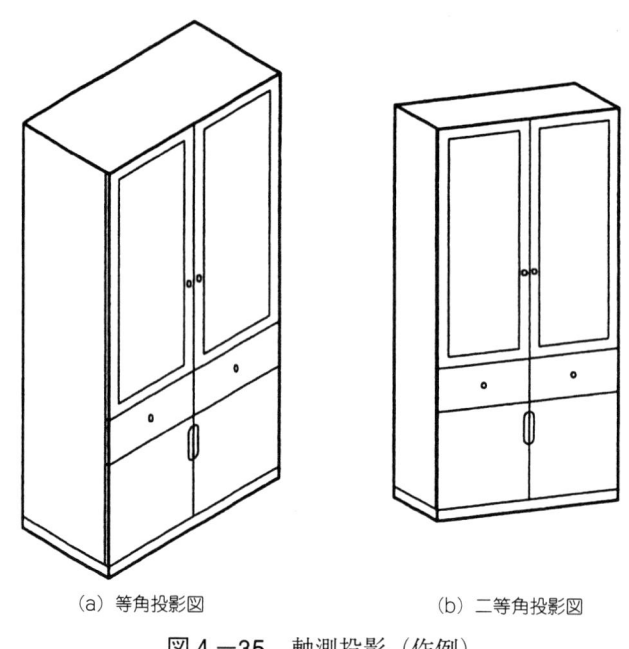

(a) 等角投影図　　(b) 二等角投影図

図４－35　軸測投影（作例）

2.2　斜　投　影

斜投影も１つの投影面に対象物の３面を描けることで，形のイメージがとらえやすくなるという利点がある。

斜投影は投影線が投影面に対して90°以外の角度になるように，かつ投影線が平行であるという条件のもとで描かれる。この画法は投影面に平行に置かれた対象物の主要な面が実形で描けるというメリットがある。また製図が容易であることから，投影面を垂直とするカバリエ図やキャビネット図，投影面を平面とする平面斜投影などがよく使われる。

図４－36は同じ直方体を正投影と，投影面を垂直とする斜投影で描いた場合を示している。平面図で見たときの奥行きをT，斜投影で現れる奥行きをt，基線に対する角度をδとした場合，角度δは任意で決定できるが通常はδ＝65°，45°，30°，$t/T=\mu$とした場合$\mu=1，3/4，1/2$が多く用いられる（図４－37）。

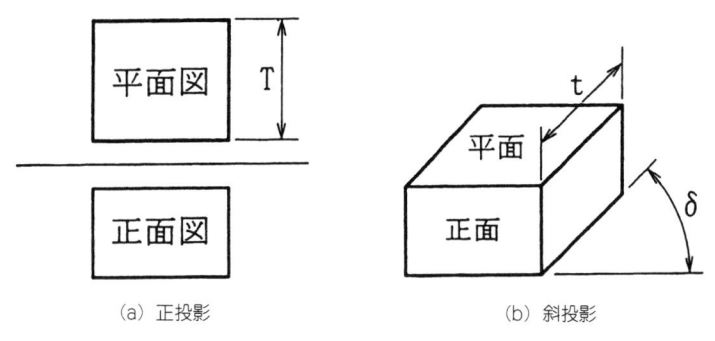

図4-36 斜投影

(1) カバリエ図

カバリエ図の投影面は通常垂直で，奥行き方向の座標軸は他の直交投影軸に対して45°，投影された3つの座標の尺度を1：1：1とする。この方法は奥行き方向にゆがんで見える場合が多い。

(2) キャビネット図

キャビネット図は奥行き方向の座標軸の尺度が1/2である以外はカバリエ図と同等であるが，カバリエ図よりひずみが少なく感じられる。

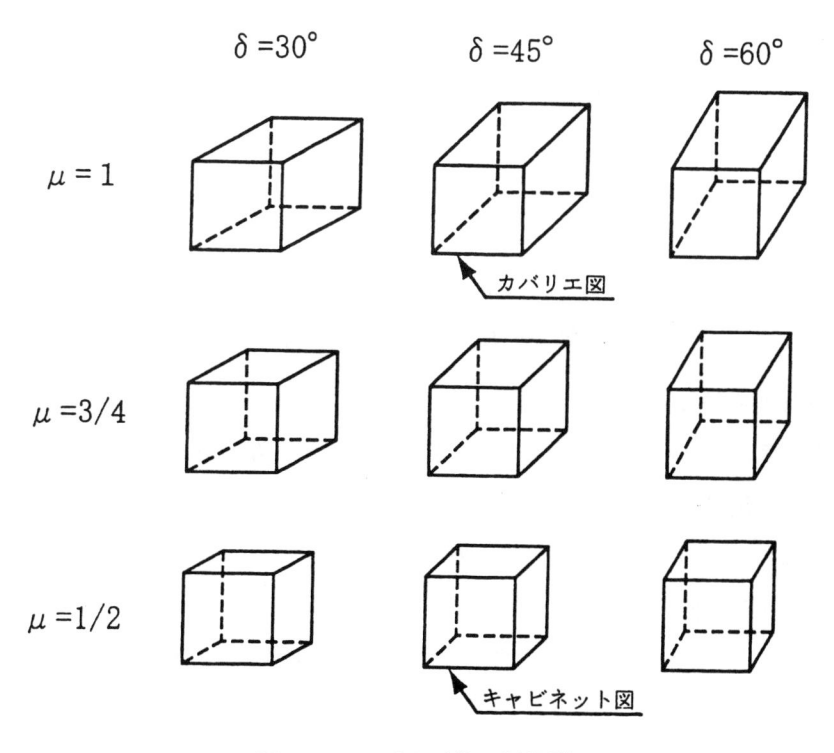

図4-37 正六面体の斜投影

（3）平面斜投影

平面斜投影は投影面を水平座標面に平行にとることで描かれる。3面すべてが描かれるためには垂直面の稜が重ならないように気をつける必要がある。

この図法は図4-38に示すように、室内の見取り図などに用いた場合、平面図に高さを加えるだけで作図でき便利である。描き方には等尺平面斜投影図と縮尺平面斜投影図がある。

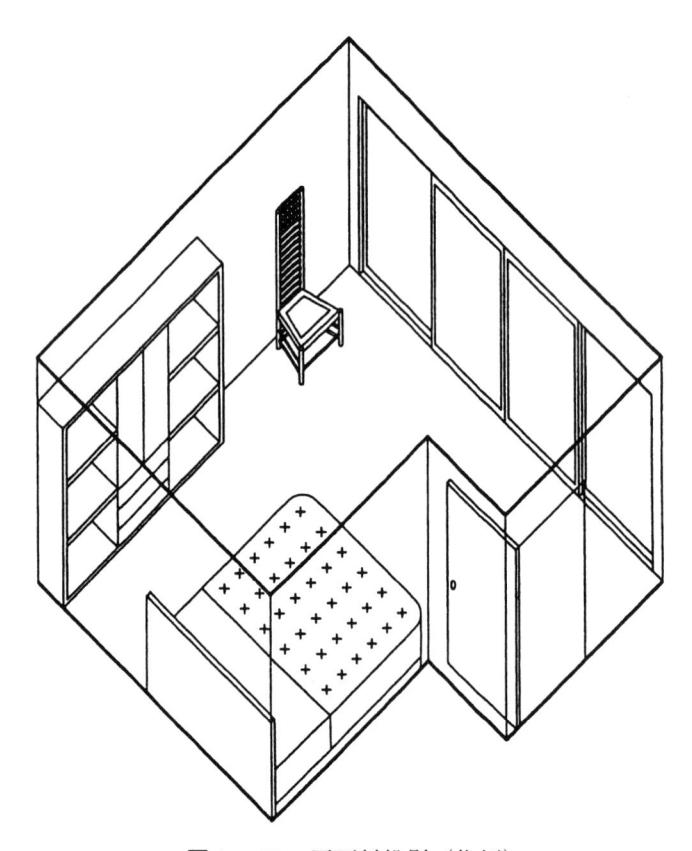

図4-38　平面斜投影（作例）

a．等尺平面斜投影図

平面斜投影で、3つの主軸の尺度を1：1：1にとったものを等尺平面斜投影図という。

b．縮尺平面斜投影図

3つの主軸の尺度のうち、高さ方向の軸を縮尺にすることで視覚的なひずみを軽減したものを縮尺平面斜投影という。

（4）カバリエ図，キャビネット図，等尺平面斜投影図の比較

カバリエ図，キャビネット図，等尺平面斜投影図で同一のものを描いた作例が図4-39である。比較するとかなり違った印象を受けるため，対象物の特色によって適した画法を選ぶ必要がある。

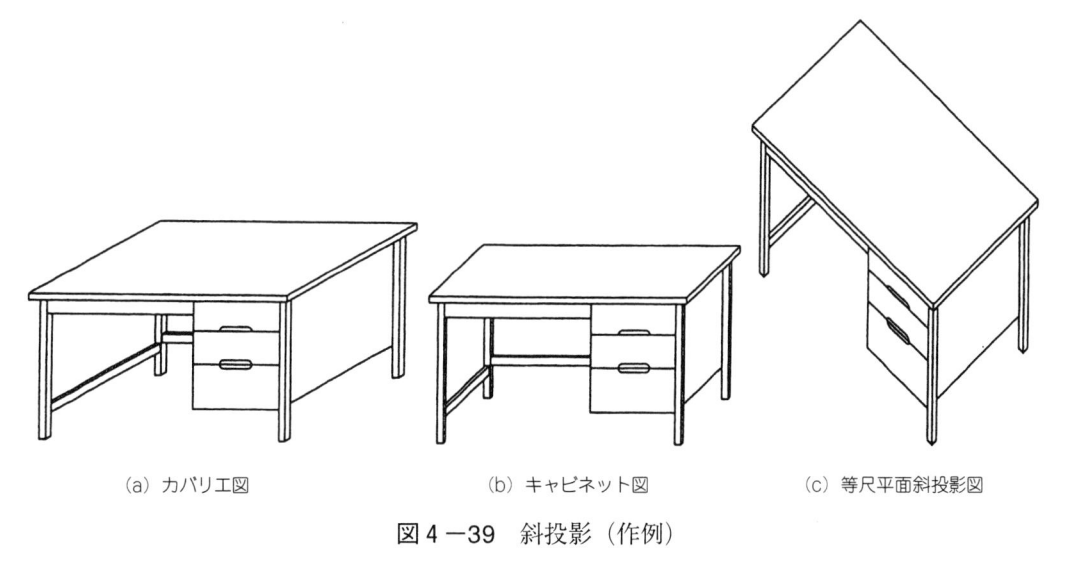

(a) カバリエ図　　(b) キャビネット図　　(c) 等尺平面斜投影図

図4-39　斜投影（作例）

第3節　透視投影

3.1　透視投影

軸測投影，斜投影ともに対象物を1つの画面上に，立体的に表す画法であるが，透視投影は遠近感がつき，より見た目に近い表現ができる。平面図や立体図だけでは表現しにくい場合や，大まかな外観などを把握するために用いられることが多い。

（1）透視投影の原理

対象物の前又は後ろに画面を置き，視点から対象物を見た投影線（視線と考えるとよい）が，これと交わる各点を結んでできる図を**透視図**といい，これを描く画法を**透視投影法**という。

図4-40は，対象物ＡＢＣＤＥＦＧＨと視点Ｏとの間に，投影面Ｔ（透明なガラス板と考えるとよい）を置いた図である。このとき，対象物と各点（A，B，C，……，H）と視点Ｏを結ぶ投影線が，投影面Ｔを貫く点をそれぞれA'，B'，C'，D'，E'，F'，G'，H'とすればそれらを結んだ図A'B'C'D'E'F'G'H'は，対象物ＡＢＣＤＥＦＧＨの透視図である。

透視図は，対象物の形状とその置かれた向きにより，一点透視投影法，二点透視投影法，三点透視投影法に区別できる。一般に，一点透視投影法，二点透視投影法が多く用いられる。

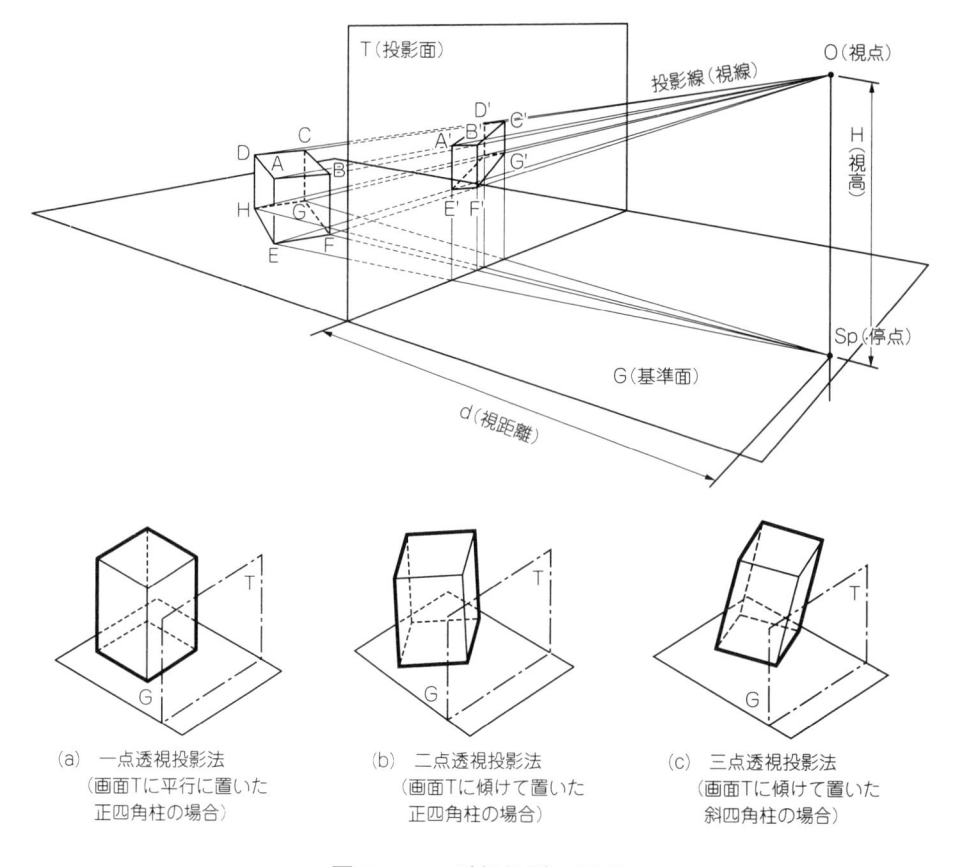

図4-40　透視投影の原理

(a) 一点透視投影法
（画面Tに平行に置いた正四角柱の場合）

(b) 二点透視投影法
（画面Tに傾けて置いた正四角柱の場合）

(c) 三点透視投影法
（画面Tに傾けて置いた斜四角柱の場合）

（2）透視投影の概念

a．透視投影の成立

一万年以上も前の洞窟壁画や古代文明の遺物に残された絵を見ると，様々な理由があったにせよ人間は古来より景色や物を描きたいという欲求を持っていたことがわかる。そのために多様な画法が考えられてきたが，目で見た様子に近く，ある程度正確に描く方法の代表的なものに透視投影がある。この考え方は14～16世紀のルネサンス期に，フィレンツェの建築家のブルネレスキ（Filippo Brunelleschi，1377～1446）やアルベルティ（Leon Battista Alberti，1404～72）などが科学的，合理的な方法として成立させたといわれている。

b．三次元から二次元に

さて私たちは今,「対象物＝三次元にあるもの」を,「紙＝二次元の平面」に描こうとしているのだが, どういった考え方で透視投影図を描けばいいのだろうか。

ニュルンベルグの画家デューラー（Albrecht Durer, 1471～1528）は著書『測定論』のなかに, 透視図を描くための様々な用具を紹介している。例えば図4－41のように対象物と自分との間に糸が張られた枠を置き, 視点を固定して「枠の中のどこに対象物が見えているのか」を調べ, それを紙に描き写すという用具がある。また同じく図4－42のように, ガラス板のついた机を利用して, ガラス面に見える景色を直接その上に描く用具も紹介されている。

図4－41　透視図を描くための用具①

図4－42　透視図を描くための用具②

そこで, 私たちも対象物を描くために, 地面（JISで定められた用語では基準面と呼ばれ, 省略記号はGと書く, 以下他の用語も同じ順で表記）の上に, 大きな「ガラス板＝二次元平面」（投影面, T）を置くと仮定する（図4－43）。

このときガラス板（投影面, T）をどの位置に設定するかは, 得られる透視投影図の大

きさに関わってくるので慎重に設定する必要がある（後述の（5）透視投影図を描くときの注意点を参照）。

観察者からガラス板（投影面，T）までの距離（視距離，d）が決定したら，ガラス板（投影面，T）越しに見える景色を直接ガラスの上に描いていく。そこには三次元の対象物が二次元に置き換えられた絵（透視投影図）が完成する。同時に，ガラス上には目の高さ（視高，H）と同じ高さの位置に地平線（地平線，h）が描かれ，地面と接する部分にも線（基準線，X）が描かれる（図4-44）。

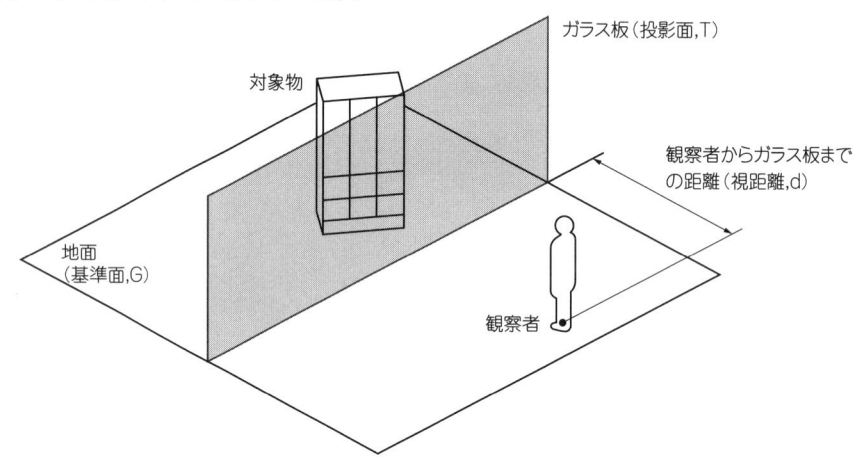

図4-43 透視投影図の概念①

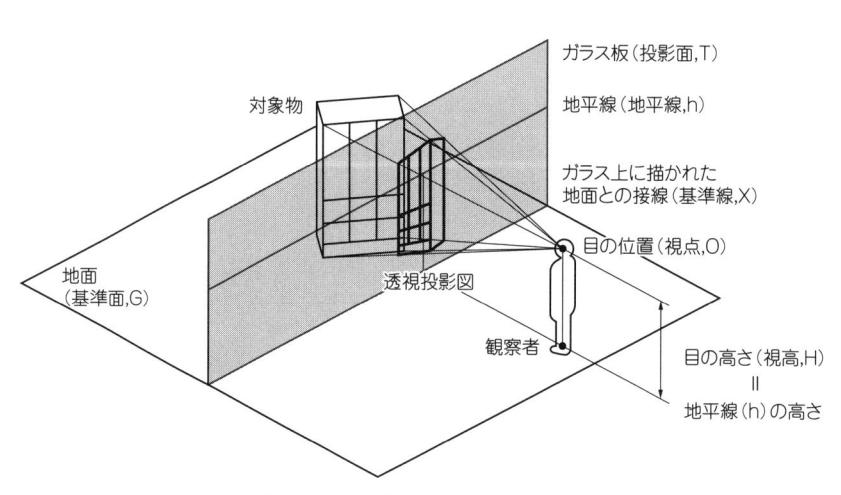

図4-44 透視投影図の概念②

ここまで描いても，依然として「対象物」と「観察者」，その間に置かれた「ガラス板（投影面，T）」は三次元空間の中に存在している。

そこで図4-45のように，全てを地面（基準面，G）に真上から見た正投影で描いてみてはどうだろうか。

・「対象物」は真上から見た「正投影図＝平面図」として描く。
・「観察者」は「目の位置（視点，O）」の真下となる地面の位置に「停点（停点，Sp）」
をしるす。
・「ガラス板（投影面，T）」の位置は地面との接線部分を描く。

ところが，この方法ではガラス板（投影面，T）が垂直に立っているとすると，ガラス面上に描かれた絵（透視投影図）が見えなくなってしまう。もし斜めに立っていたとしても，地面に垂直に正投影するとガラス面上に描かれた絵（透視投影図）はひずんだ形でしか得られなくなる。

そこで思い切ってこのガラス板（投影面，T）を，絵（透視投影図）が描かれた面を上にして地面に倒してみる（図4－46）。

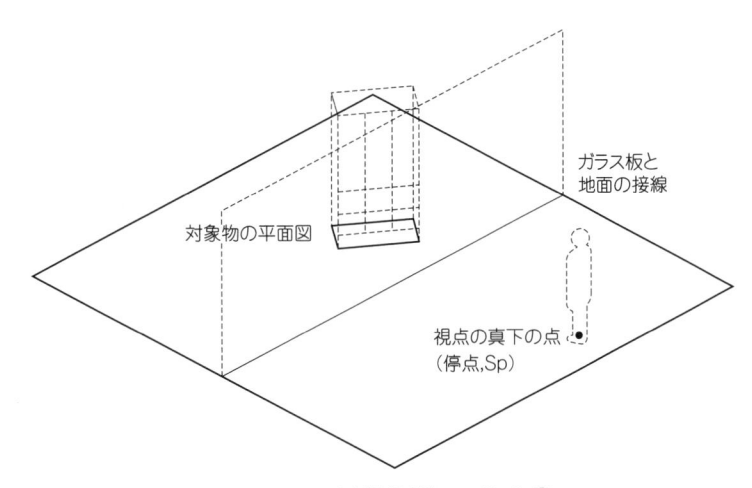

図4－45　透視投影図の概念③

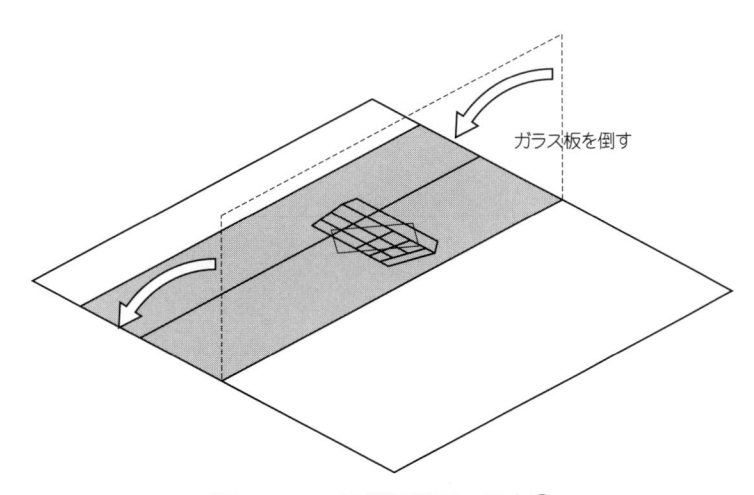

図4－46　透視投影図の概念④

すると「ガラス板＝二次元平面」が「地面＝二次元平面」に重なった状態になる。これを真上から正投影で眺めることで，ついに三次元空間に存在していたものが，すべて二次元平面に描けたことになる（図4-47）。

この場合，三次元のものを地面に投影した「平面図」，「ガラス板（投影面，T）と地面の接線」，「視点真下の点（停点，Sp）」という三者の関係は，最初に設定した位置に固定されたものとなる。しかし「地面に倒したガラス面」そのものは左右にずれなければ自由な位置に設定できることに注意したい（図4-48）。

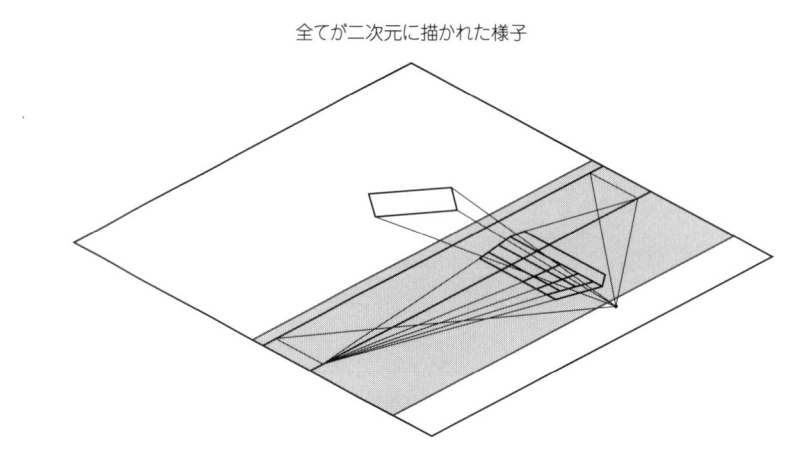

全てが二次元に描かれた様子

図4-47　透視投影図の概念⑤

最初に設定した位置に固定
対象物の平面図
ガラス板（投影面,T）と地面の接線
観察者の位置（停点,Sp）

倒したガラス板の位置は左右にずれなければ自由に置くことが可能である

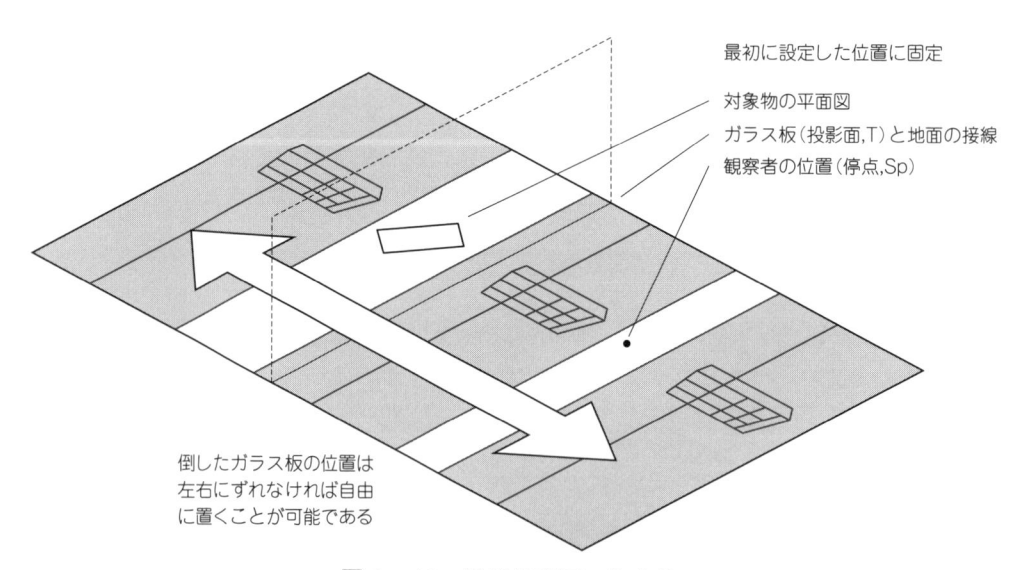

図4-48　透視投影図の概念⑥

c．同一の消点を持つ平行線

透視投影図を描く場合は消点（消点，V）がどの位置にあるのかを求めることが重要で

ある。そこで，地面（基準面，G）に平行で，ガラス板（投影面，T）に平行ではない二本以上の平行線は，地平線（地平線，h）上に必ず同一の消点（消点，V）を持つという原理を知っておきたい。

これは図4-49のように，目の前に無限に続く線路や道路がある様子を考えるとよい。線路のレールや道路の両端は平行につくられているため，必ず地平線（地平線，h）上の一点で交差する様子が分かる。

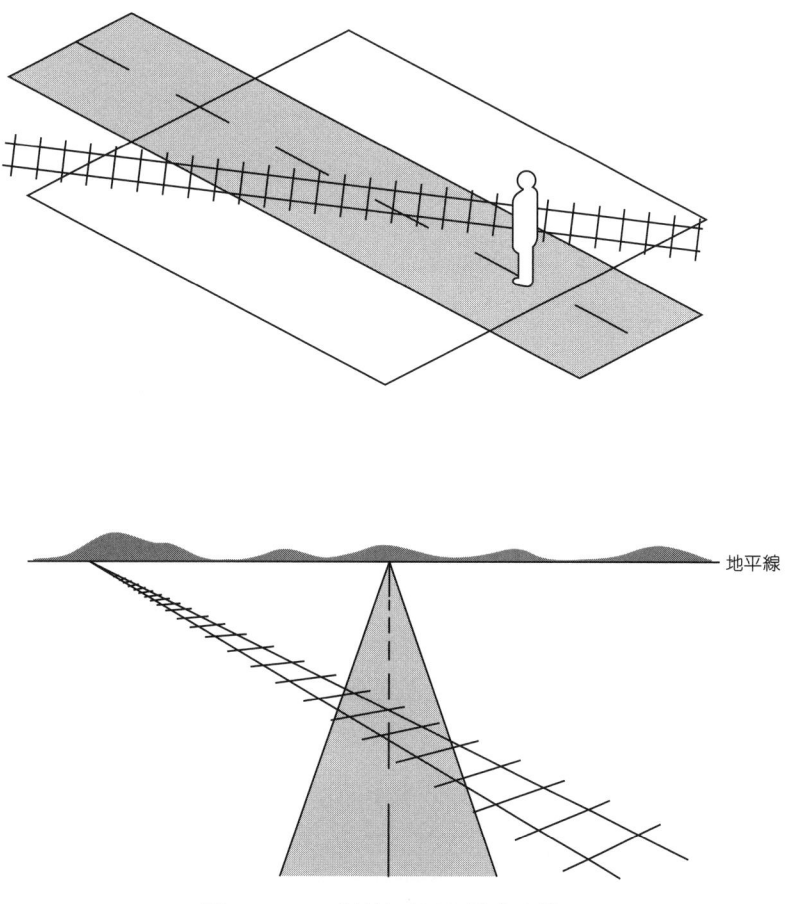

図4-49 平行線は同じ消点を持つ

この原理を使って，対象物の消点（消点，V）を求めることができる。

図4-50のように「観察者の視点（視点，O）」から，平面図で表された「対象物の主たる稜線」に平行な線（アライメント線，Vl）を引く。するとその線はガラス板（投影面，T）上に描かれた地平線（地平線，h）と交差する。平行線は同一の消点（消点，V）を持つという原理からして，ガラス板（投影面，T）上に描かれた絵（透視投影図）では，この交点が「対象物の主たる稜線」の消点（消点，V）である。

対象物の主たる
稜線に平行な線
(アライメント線, VI)

目の位置(視点, O)

消点(消点, V)

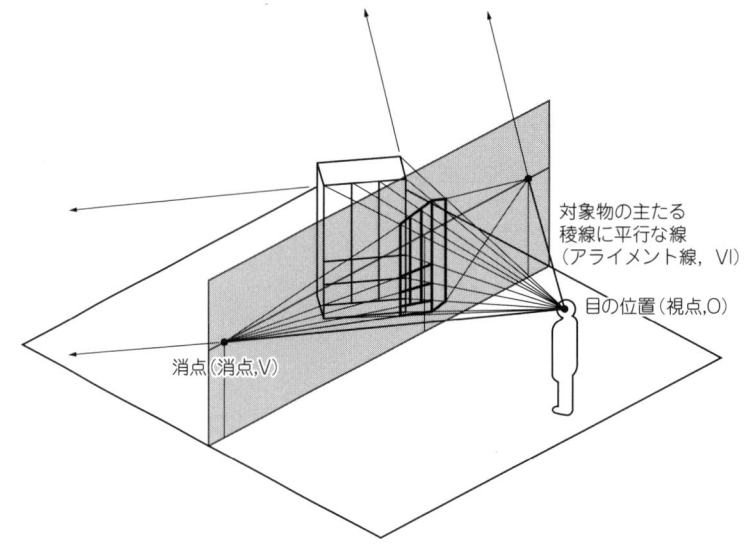

図4－50　透視投影図の概念⑦

d. 透視投影の使い方

　前述したように透視投影は「目に見えるもの」をある程度正確に描くことのできる画法である。しかし透視投影が最も効果的に使われたのは「目に見えないもの」を描く場合であった。それは，教会の壁や天井に，実際には存在しない天国や地獄をまるで本当にあるかのごとく描いたり，王宮では平らな面にまるで飾りがついているように描いたりすることであった。

　このことから「目に見えるもの」を描くための方法である透視投影は，「実際には存在しないもの」を描くことに利用できることがわかる。私たちは家具やインテリアを設計するに当たって，実際にそれらを制作する前に「完成予想図」を描く必要がある。そのときこの透視投影は，完成した家具やインテリアがまるで眼前にあるかのように，かつある程度正確に描くことができるため，とても有効な方法である。練習問題などでよく習熟し，大いに活用されたい。

（3）一点透視投影法

　最も簡単な透視投影法で，対象物の面がすべての画面に対して平行か垂直である場合，消点は1つとなり，視心と一致する。このような透視投影法を，一点透視投影法という。
　一点透視投影法では，投影面に対して平行な水平線及び垂直線は，どの位置にあっても水平，垂直に引かれる。また投影面に対して直交する線は，すべて消点に収束する。
　室内透視図の場合，図4－51のように視心は室内にくるように目の位置をとるが，外観

透視図では建物（対象物）の正面と側面が見える位置に目の位置をとることが多い。

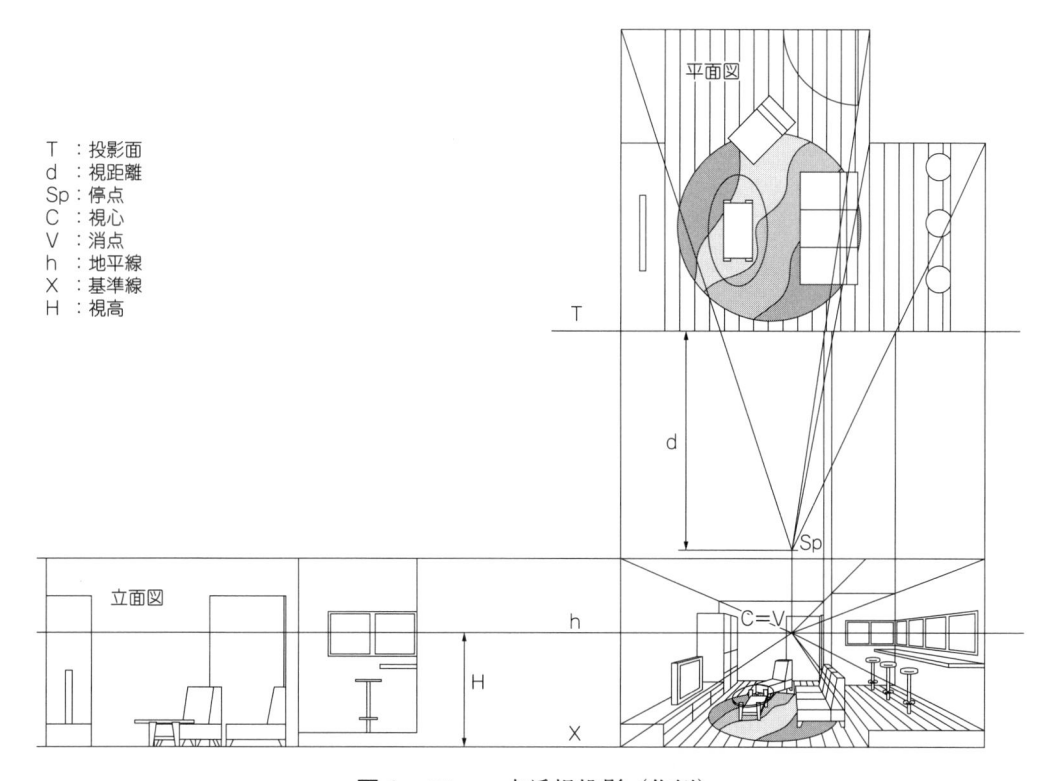

T ：投影面
d ：視距離
Sp：停点
C ：視心
V ：消点
h ：地平線
X ：基準線
H ：視高

図4－51　一点透視投影（作例）

（4）二点透視投影法

二点透視投影法は，一般的に外観透視図として用いられる投影法で，画面が対象物の正面に対して，30°の傾きに置かれることが多い。

二点透視投影法でも，投影面に対して平行な水平線及び垂直線は，どの位置にあっても水平，垂直に引かれる。その他の基準面に水平な平行線は，必ず水平線上に消点を持つ。

図4－52及び図4－53に二点透視投影図の作例を示す。

76　木工製図

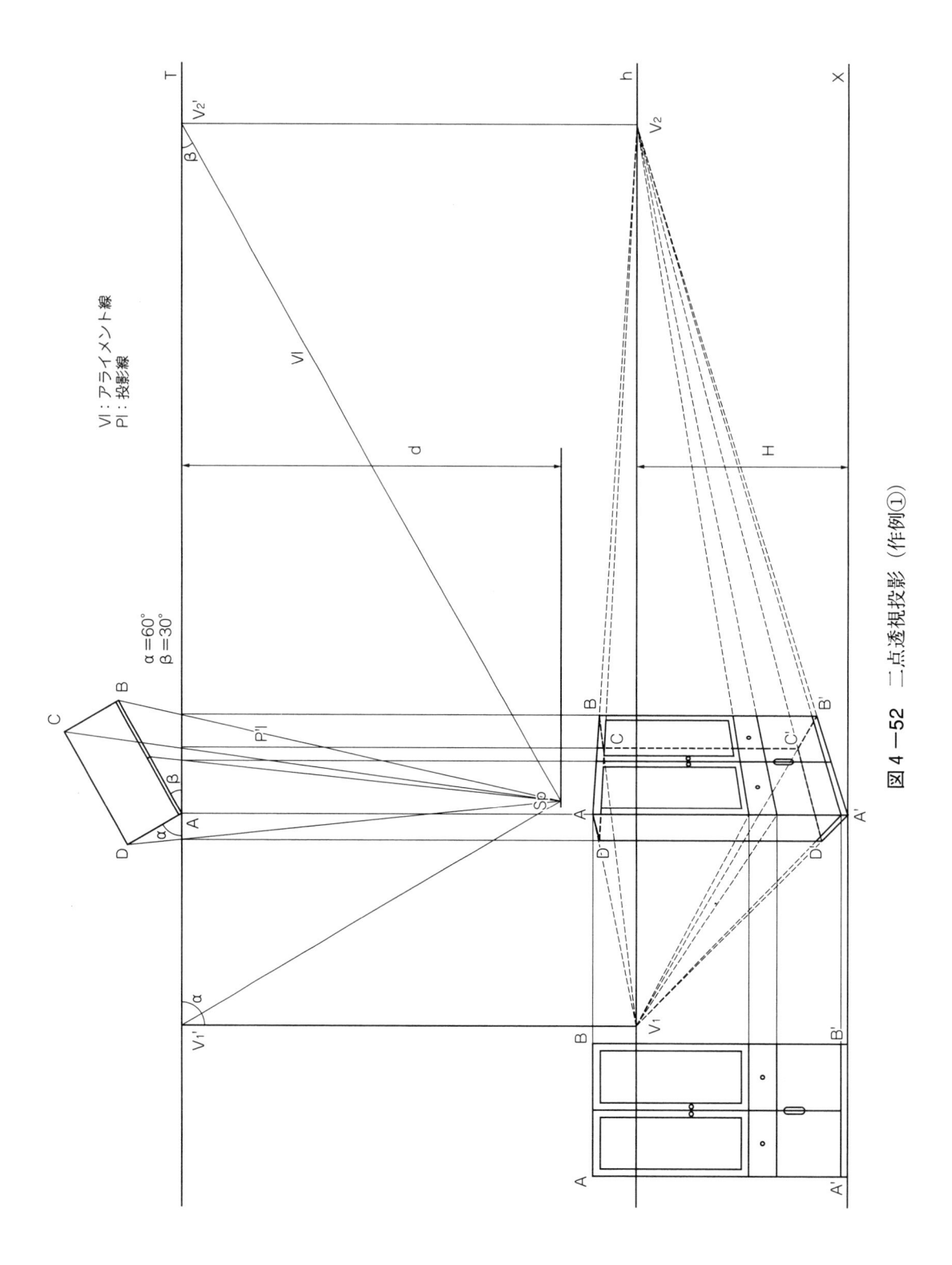

VI：アライメント線
Pl：投影線

α＝60°
β＝30°

図4－52　二点透視投影（作例①）

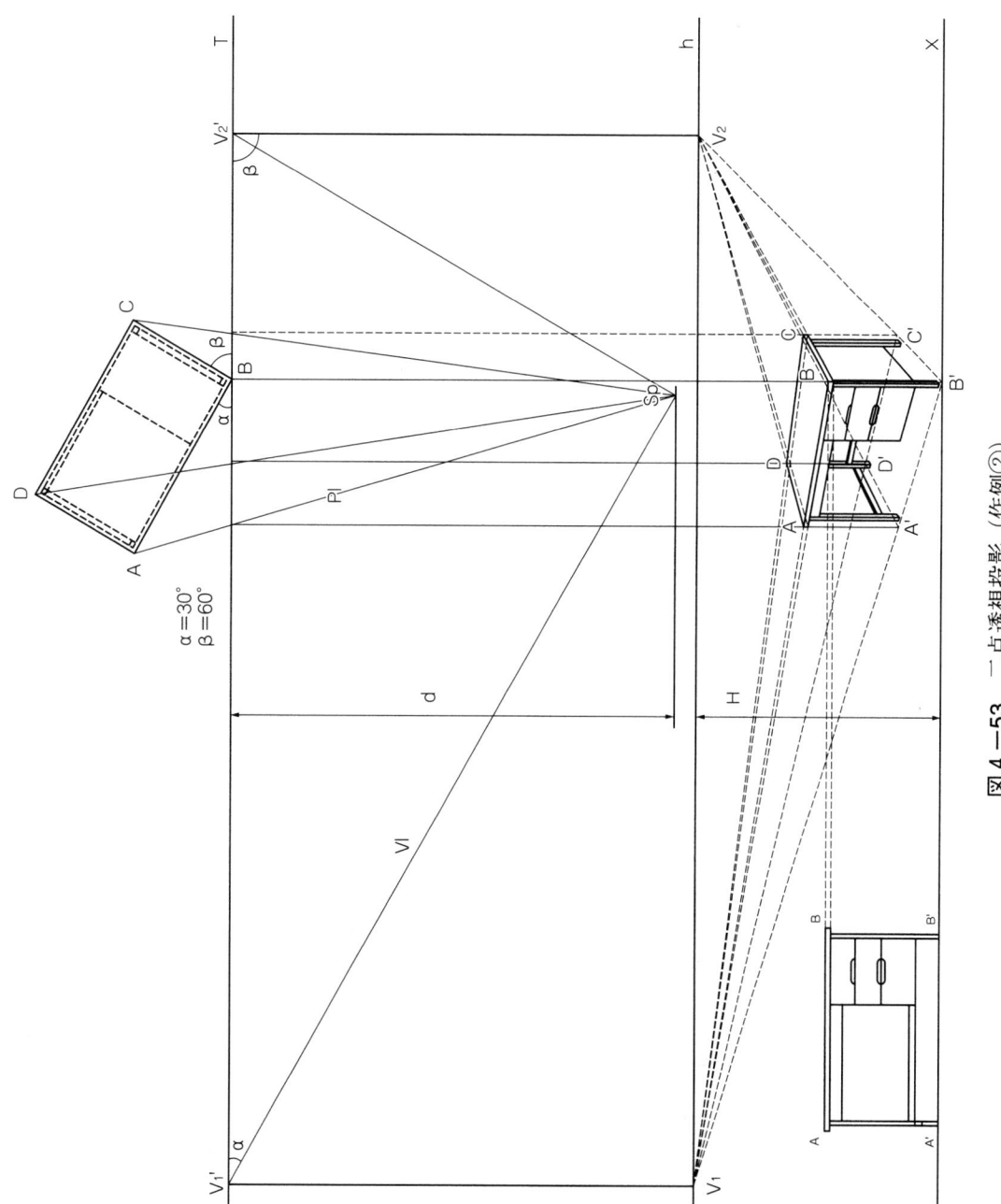

図 4−53 二点透視投影（作例②）

(5) 透視投影図を描くときの注意点

a. 視高, 対象物までの距離

透視投影図を描こうとする者の目の高さを視高(基準面から視点までの距離, 記号はH)という。描かれる透視投影図は, 視高の違いによって図4-54のように異なった印象となる。

また, 視高に加えて対象物までの距離を調整することで透視投影図が変化するので, 与条件と対象物の性質によって慎重に決定する必要がある。

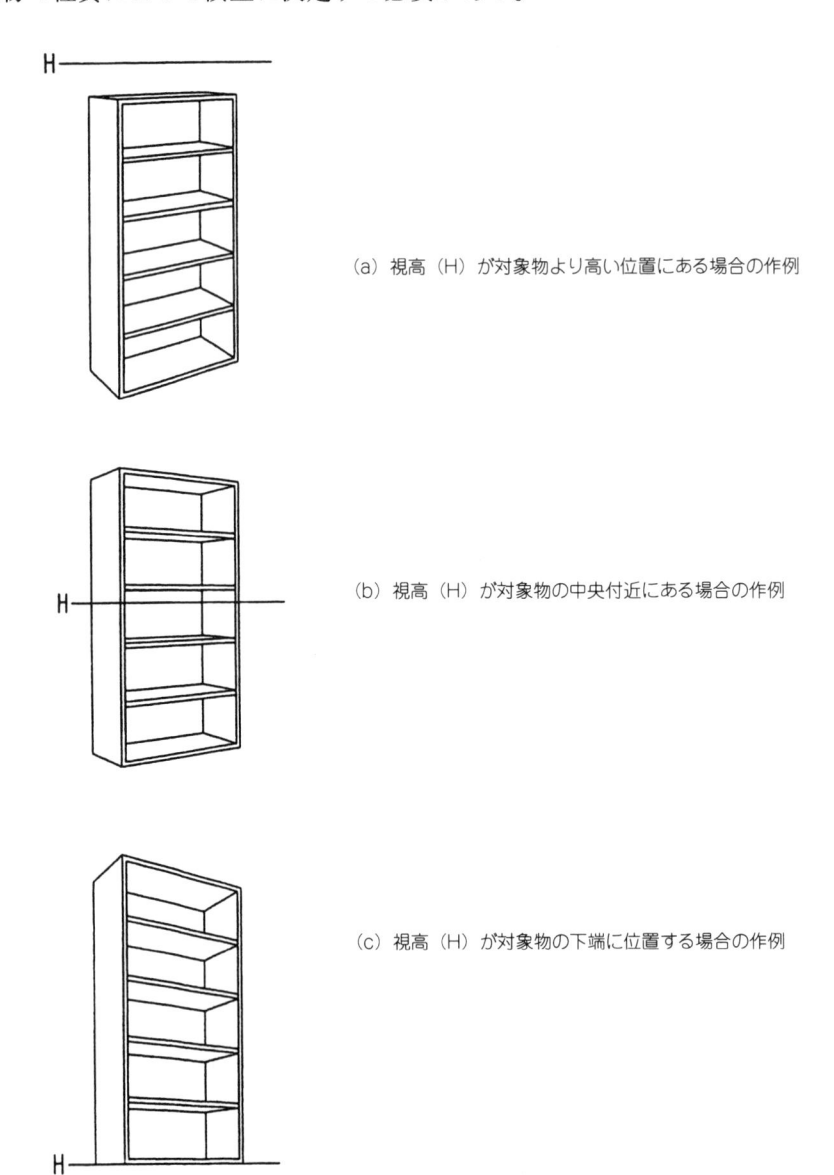

(a) 視高(H)が対象物より高い位置にある場合の作例

(b) 視高(H)が対象物の中央付近にある場合の作例

(c) 視高(H)が対象物の下端に位置する場合の作例

図4-54 視高(H)の取り方による透視投影の違い

b．対象物と投影面の関係

対象物と投影面の位置関係は透視投影図の大きさに関わる。図4-55のように，投影面が対象物の前にある場合，描かれる透視投影図は対象物より小さくなる。また逆に，投影面が対象物の後ろに置かれている場合は透視投影図は大きくなる。

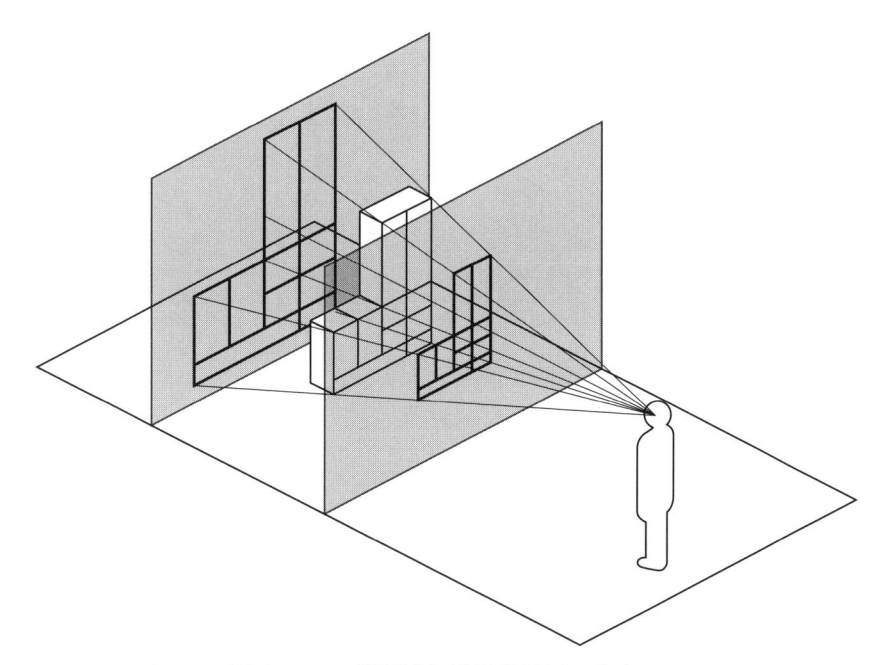

図4-55　視距離と透視投影図の大きさ

c．視円すい

透視投影図は投影面上の周辺部になるとひずんで描かれるという問題がある。ひずみの生じない有用な透視投影図を得るには，図4-56のように，視点を頂点とする頂角60°の視円すい内に対象物を納めて描く必要がある。図4-57で描かれた9つの透視投影図は中心の1つ以外は視円すいの範囲を外れているためひずみが大きい。

以上のように透視投影図を描く場合は，主投影線（視点から始まり，基準面に平行で投影面に直交する線）が対象物の視覚的に重要な部分を通り，かつ主投影線を中心に30°の範囲に対象物が収まるように，視高，対象物までの距離，視距離を決める必要がある。

80　木工製図

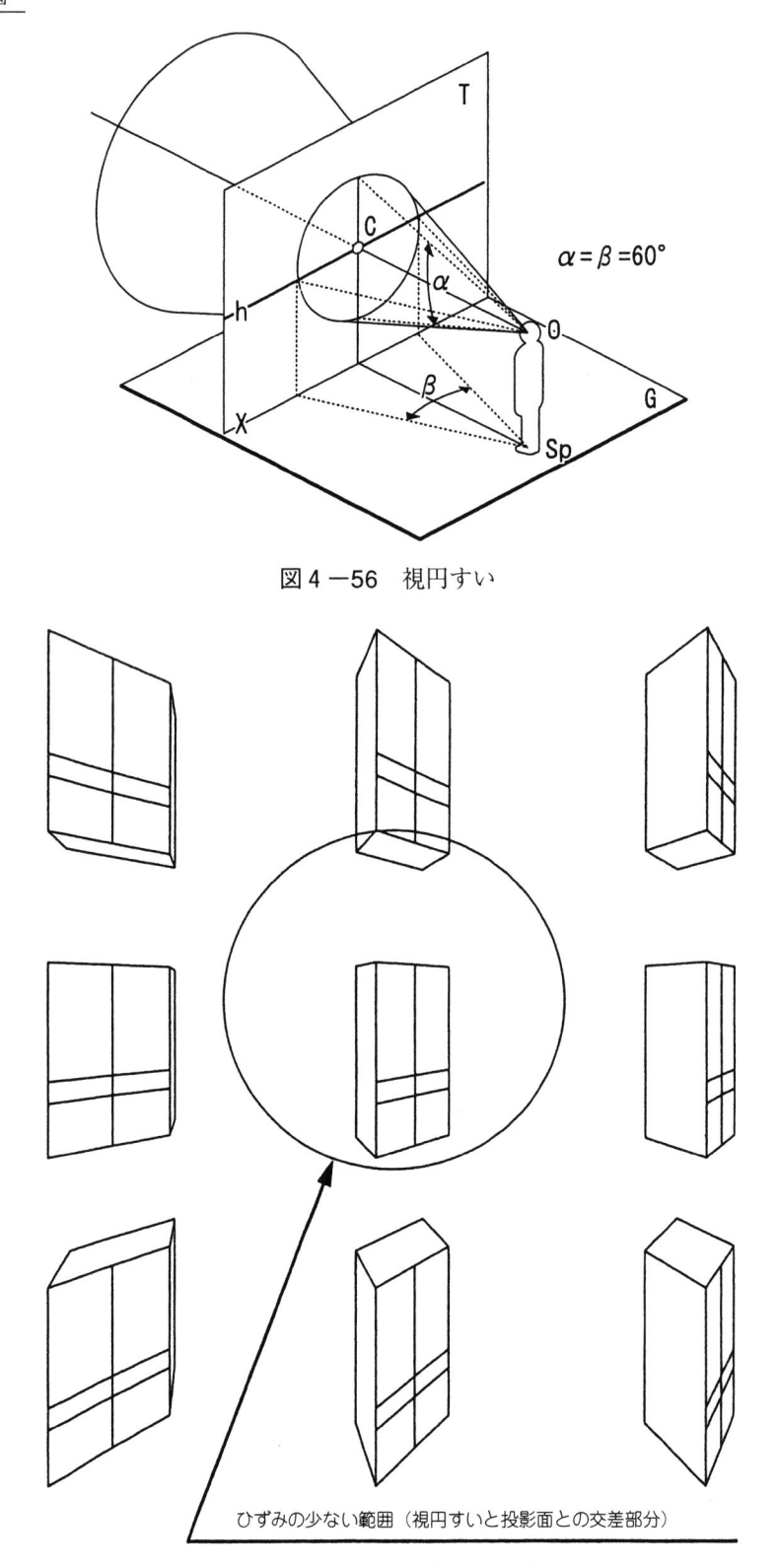

図4-56　視円すい

ひずみの少ない範囲（視円すいと投影面との交差部分）

図4-57　透視投影図のひずみ

3．2　透視投影図の描き方（二点透視投影法）

　1辺が50mmの正六面体で，投影面Tに60°で接している。視距離dが90mmで，視高Hが65mmとする。このようなものを透視投影図で描くと，次のような手順となる。

① 平面図を投影面T上に傾けて描く（図4－58）。

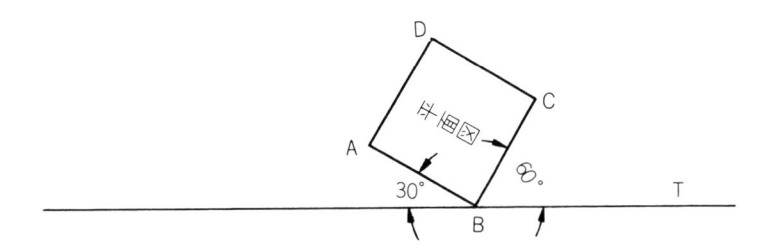

図4－58　透視図の描き方の手順①

② 停点Spの位置を投影面Tから90mmの距離の場所に決める（視点距離d90mm）。次に停点Spより平面図の傾き（60°，30°）に平行なアライメント線VlをTまで描く（図4－59）。

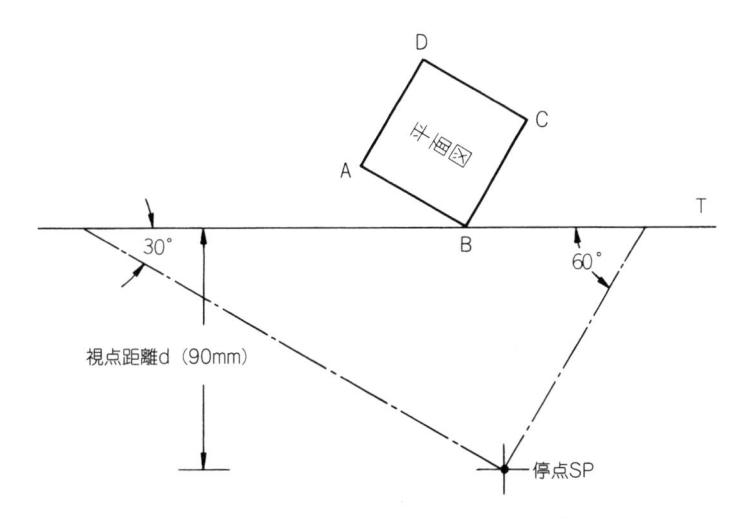

図4－59　透視図の描き方の手順②

③ 投影面Tと平行に水平線hを描く。次に水平線hに垂線をおろし，消点Vを出す。水平線hから視高H（65mm）を取り，水平線hと平行な基準線Xを引く（図4－60）。

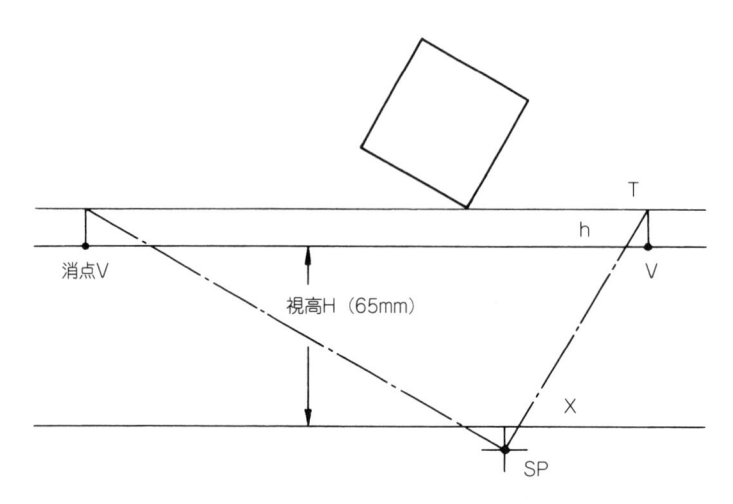

図4－60　透視図の描き方の手順③

④ 停点Spと平面図の各点（A，B，C，D）を直線で結ぶ。この投影線Plが，投影面Tと交わった点から垂線を基準線Xにおろす（図4－61）。

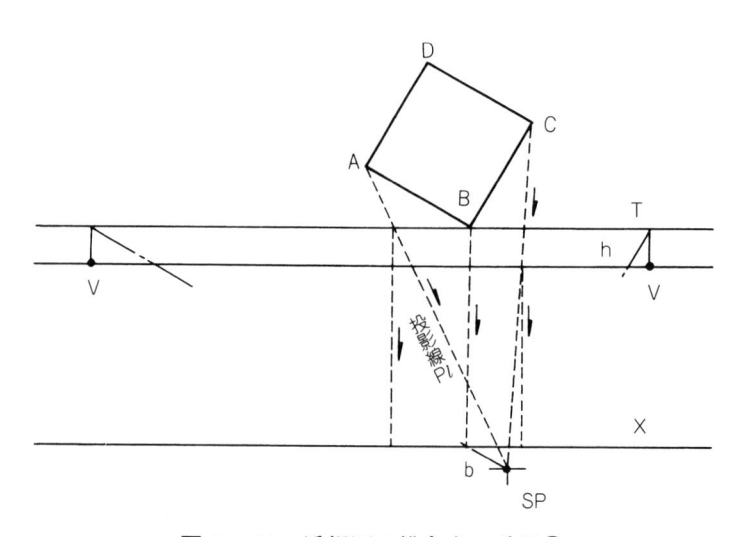

図4－61　透視図の描き方の手順④

⑤ b点と消点Vを結ぶ（図4-62）。

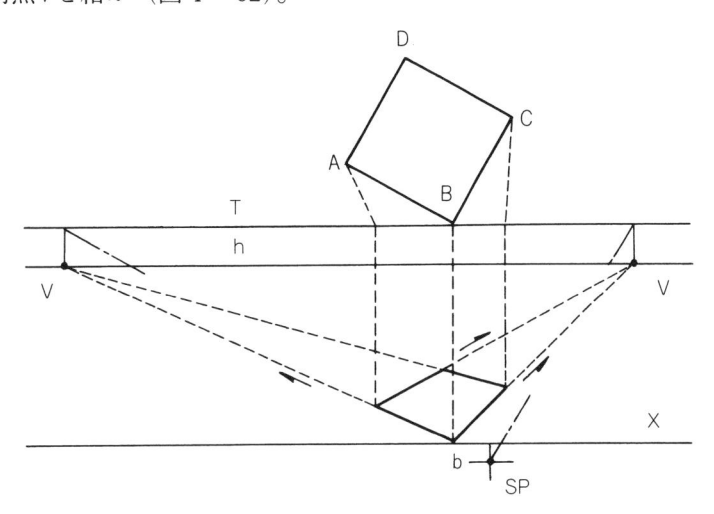

図4-62 透視図の描き方の手順⑤

⑥ 立面図の高さb´をBb線上に取り，消点Vと結ぶ。各投影線と消点Vと結んだ線との交点を結ぶと，求める透視投影図を描くことができる（図4-63）。

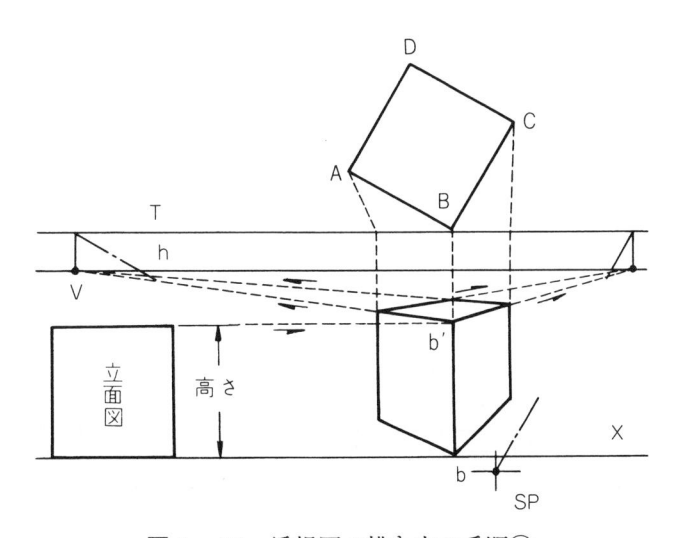

図4-63 透視図の描き方の手順⑥

（6）透視図の描き方（二点透視投影法）

二点透視投影法で，直方体の表面に等間隔のグリッドを入れたパースシートを作成し，それを下敷きにすることで簡便に投影図を描くことができる。

「演習課題5．透視図を描く練習」では（1）で作成したパースシートを用いることで（2）の課題である透視図が容易に完成するようになっている。

【演　習　課　題】

1．線の練習：曲線，直線と曲線のつながり

　コンパス又はテンプレートを用いた曲線の描き方と直線と曲線のつなぎ目を描く練習を行う。

準　備

製図用紙，T定規，コンパス，テンプレート，三角定規，鉛筆

　対角線が100mmの正方形の中に，四隅を中心とした同心円を5mm間隔で描きなさい。正方形を縦にも横にも18分割したグリッドを描き，それに沿う形で直線及び曲線を描きなさい。
　さらに，対角線や同心円の寸法を変えて描きなさい。

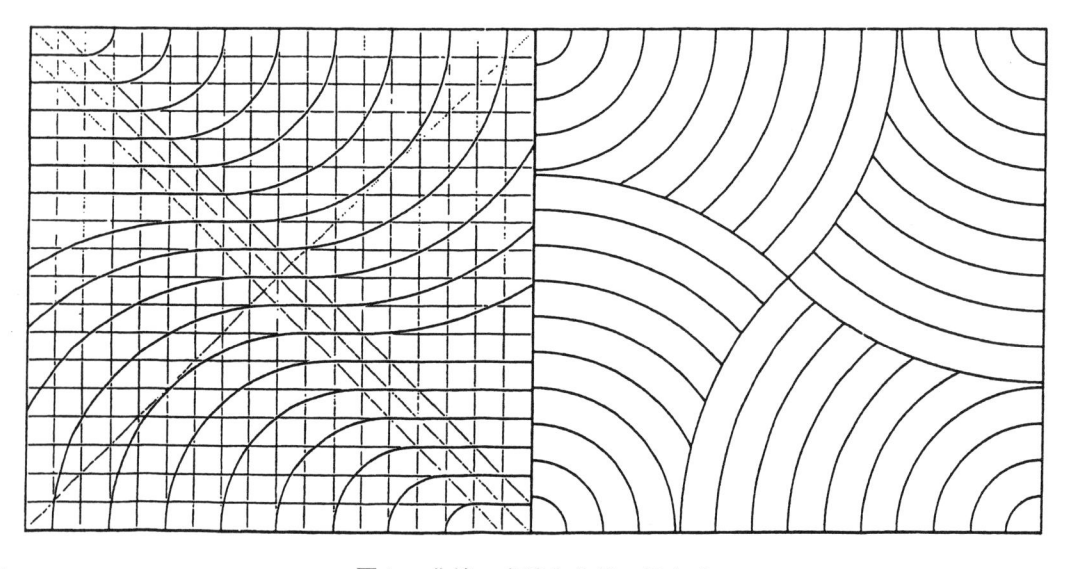

図1　曲線，直線と曲線の組合せ

2．各種の線と文字の練習

（1）各種の線の描き方

T定規を使って実線，破線，一点鎖線，二点鎖線を引く。

準　　備

製図用紙，T定規，ディバイダ，鉛筆，スケール

線種	図例	太さ
太い実線	─────	太さ　1mm〜0.7mm
細い実線	─────	太さ　0.5mm〜0.35mm
細い破線	─ ─ ─ ─ （1, 3）	太さ　0.5mm〜0.35mm
細い一点鎖線	── - ── - ── （1, 1）	太さ　0.5mm〜0.35mm
細い二点鎖線	── - - ── - - ──	太さ　0.5mm〜0.35mm

(2) 各種の文字の書き方

線上に，ローマ字，漢字，片仮名，漢字と仮名の文字を書く。

準　　備

製図用紙，T定規，スケール，鉛筆

---

abcdefghijklm
nopqrstuvwxyz

限界切断道路公差寸法工程木軸受角度

アイウエオカキクケコサシスセ
ソタチツテトナニヌネノハヒフ

打ヌキ．面トリ．ボルト穴．砂吹キ．トレース図．呼ビ．消ゴム．座グリ．
平皮ベルト．平行ピン．見取図．切断面．墨入レ．面トリ．

あいうえおかきくけこさしすせ

そたちつてとなにぬねのはひふ

へほまみむめもやゆよらりるれ

ろわをんあいうえおかきくけこ

アイウエオカキクケコサシスセ

ソタチツテトナニヌネノハヒ

フヘホマミムメモヤユヨラリル

レロワヲン゛ダバガザペピポ

(3) アラビア数字の書き方

線上に，アラビア数字を書く。

準　　備
製図用紙，T定規，スケール，三角定規，鉛筆

1234567890

1234567890

3．正投影による作図練習

（1）第三角法による図面の表し方

①～㉒は，ある品物の見取図である。図2を参考にして，矢印の方向から見た面を正面として，第三角法で描きなさい。

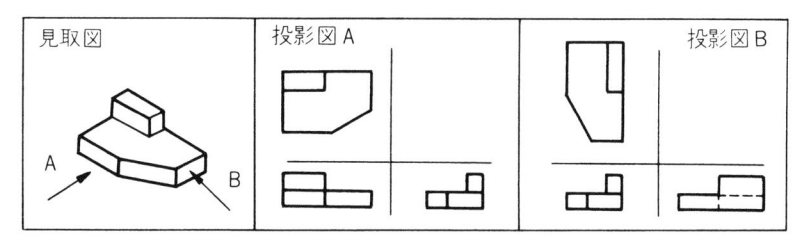

図2　例　示

―― 準　備 ――

製図用紙，T定規，三角定規，鉛筆

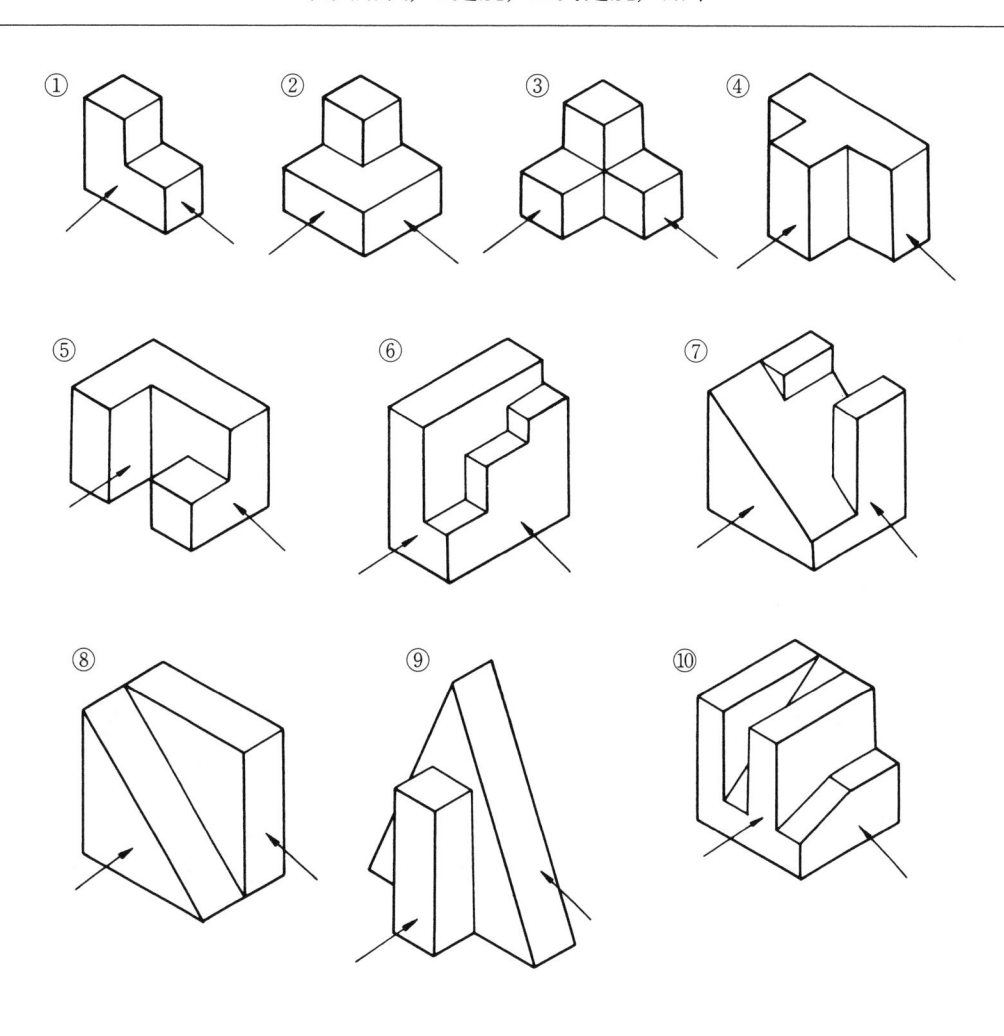

90　木工製図

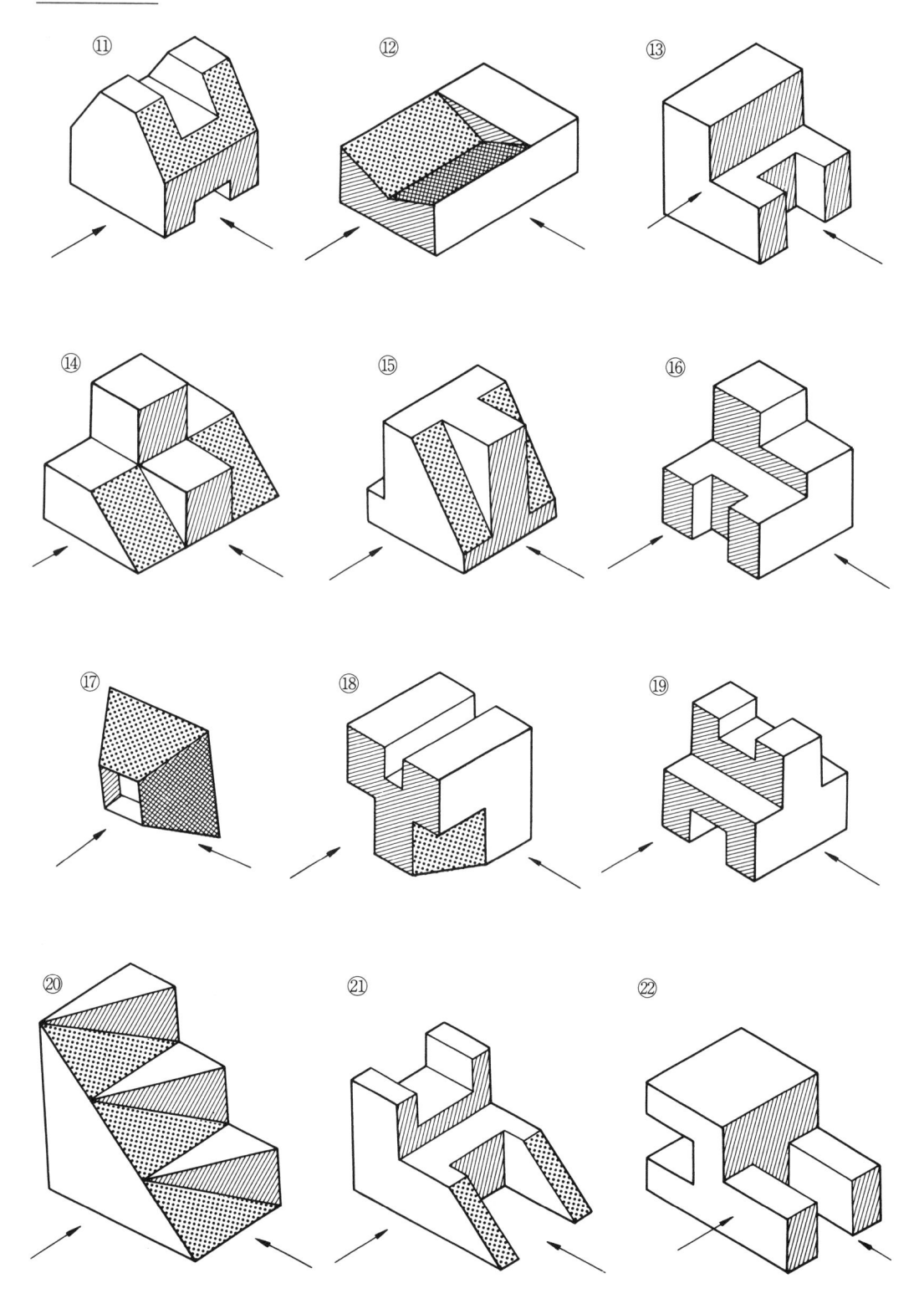

（2）第三角法による図面の読図

①～⑨は，ある品物を第三角法で描いたものである。この図面から，品物の見取図を描きなさい。

準　備
製図用紙，T定規，三角定規，鉛筆

---

4. 軸側投影の練習

図3に示す三面図の立体物（幅50mm，高さ100mm，奥行き24mm）を軸側投影で描きなさい。

（1）等角投影で描く

尺度は縮み率を無視して1：1で描くこととする。

（2）二等角投影で描く

尺度は幅：高さ：奥行きを$1：1：\dfrac{2}{3}$とする。

主軸の傾きは自由とするが，主要な面（ここでは正面とする）が見やすい角度となるように配慮する。

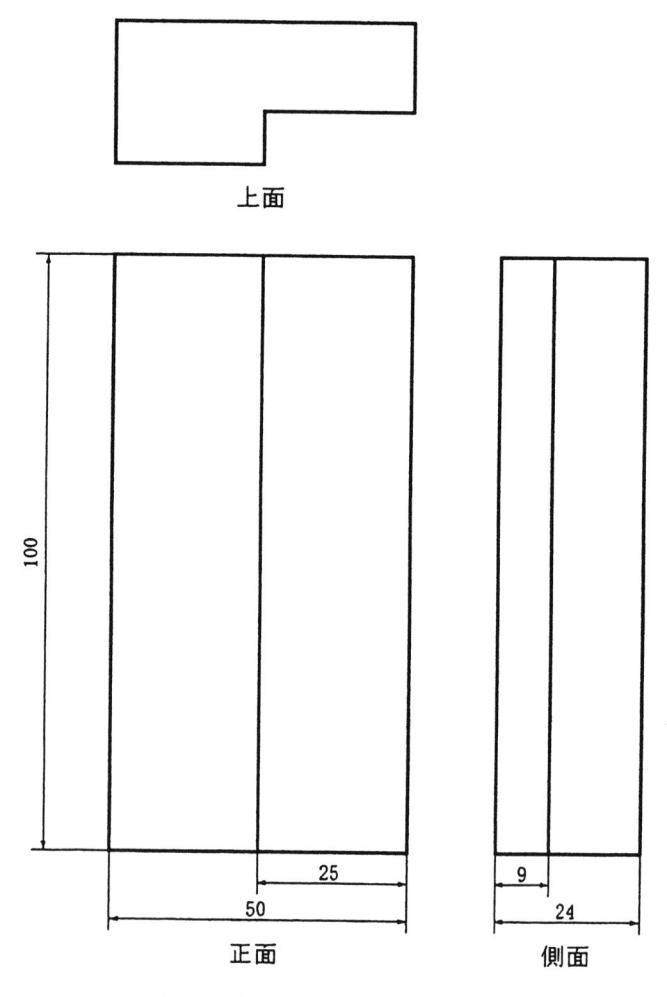

図3 軸側投影の練習　三面図

5. 透視図を描く練習

(1) 二点透視投影法による描き方

図4は，縦，横が135cmの立方体を，二点透視投影法で描いたものである。図のように30°，60°で接しており，停点から画面までの距離（視距離）は250cm，目の高さは140cmという条件で透視図を描き，5cm間隔で目盛線を入れ，パースシートにしなさい。

準　備
製図用紙，T定規，三角定規，鉛筆

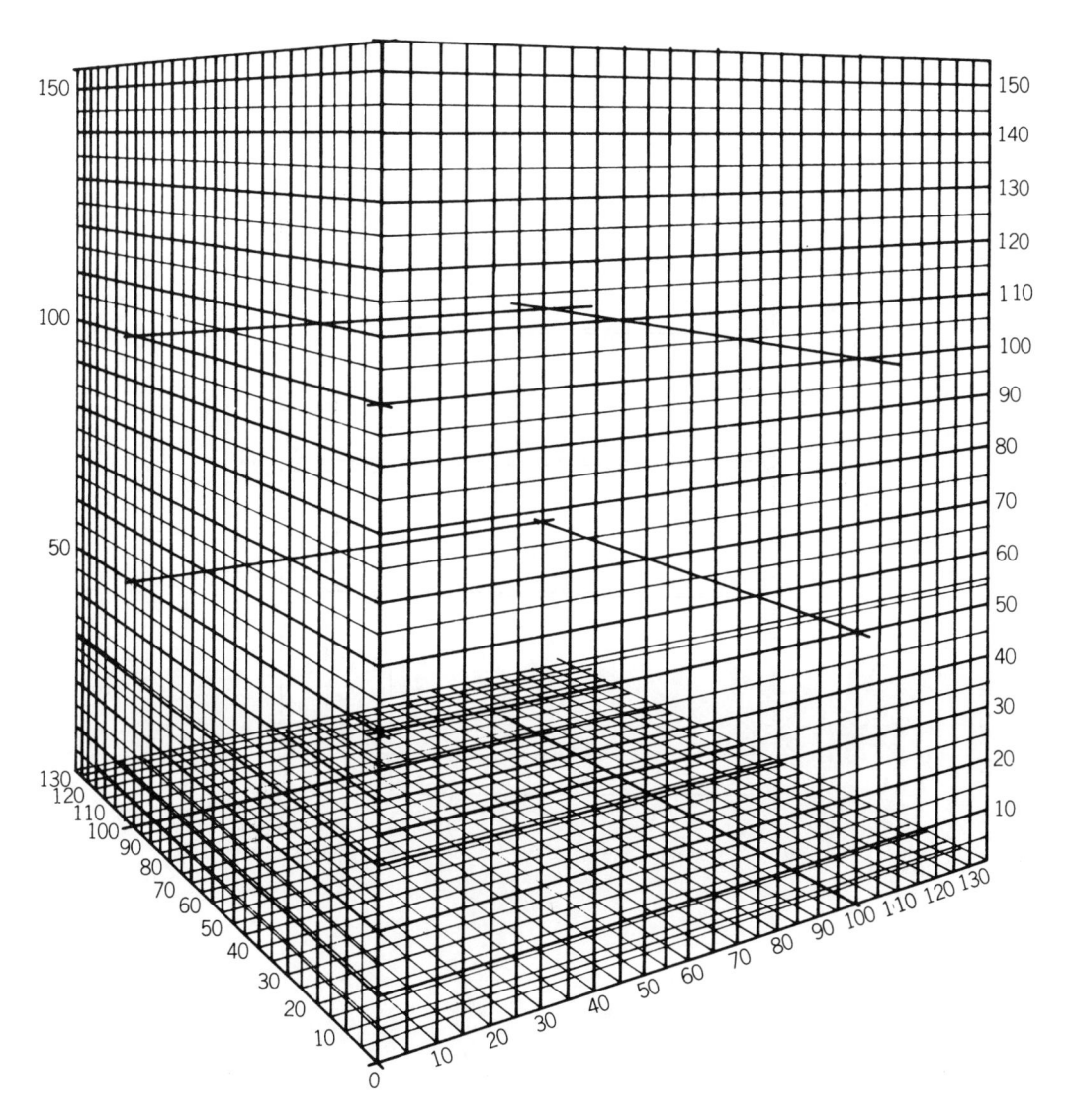

図4　有角透視図（二消点法）による描き方

（2） フリーハンドによる透視図の描き方

（1）で描いたパースシートを下図として利用し，図5のような品物をフリーハンドによる透視図として描きなさい。

準　備

製図用紙（トレーシングペーパー），鉛筆

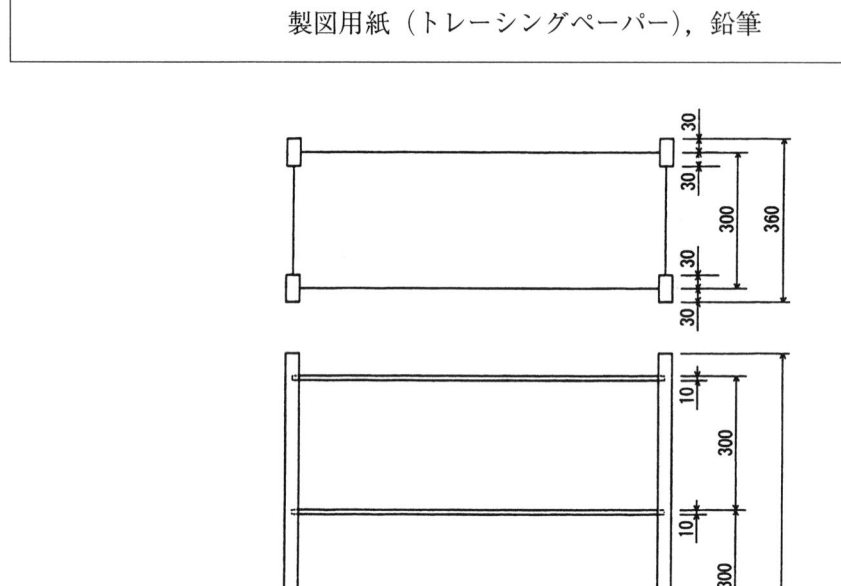

図5　パースシートを用いたフリーハンドによる透視図の練習課題：図面

（3）二点透視投影の練習

図6に示す三面図の立体物を二点透視投影で描きなさい。

課題条件：停点（Sp）から投影面（T）までの視距離（d）は300mm，視高（H）は200mmとする。

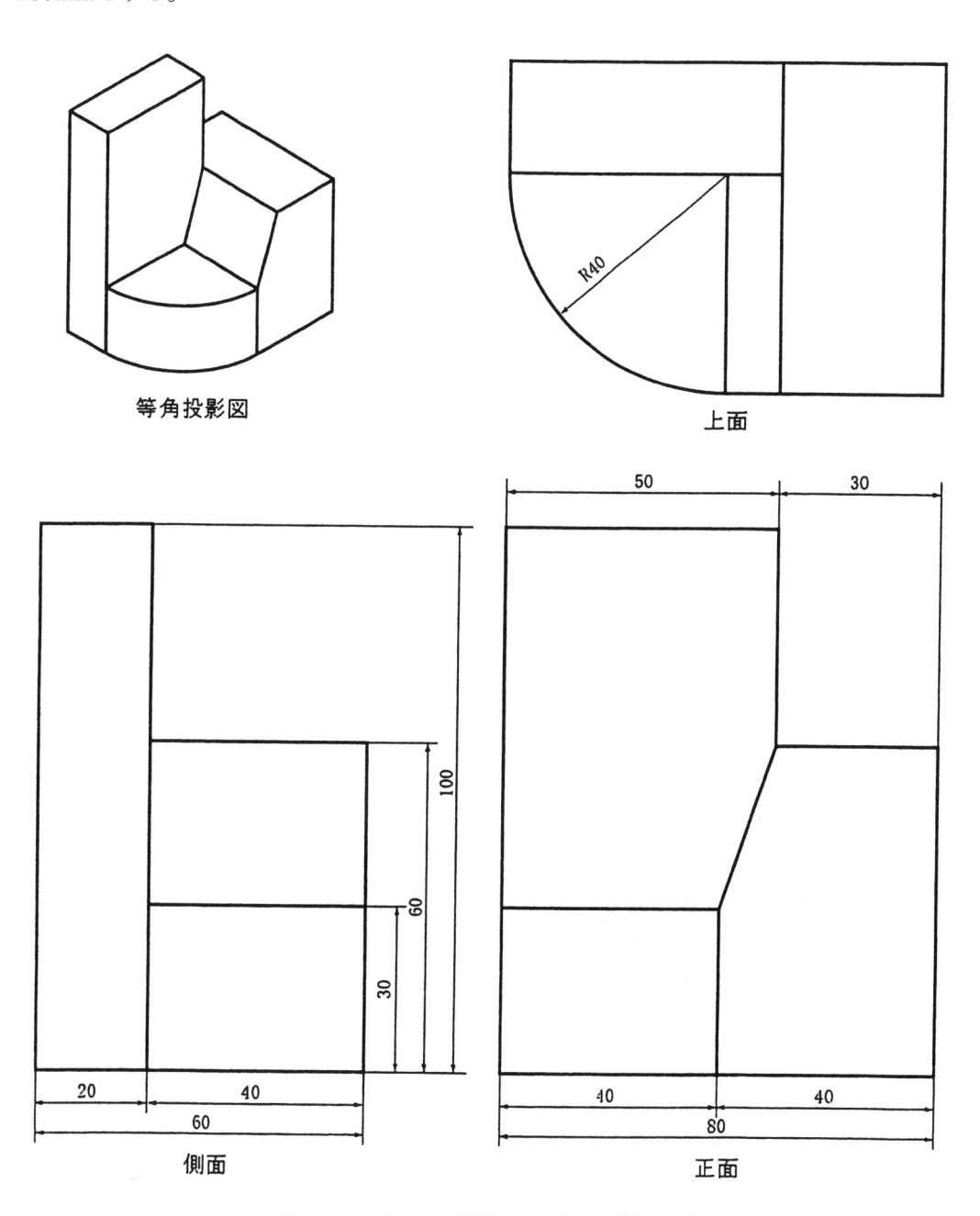

等角投影図

上面

側面

正面

図6　二点透視の練習　三面図（単位mm）

96　木工製図

（4）次の写真より，三面図及び透視図を右に挙げた条件で描きなさい。

①腰掛け

$H = 175$
$W = 270$
$D = 145$
$t = 30$
貫　　：75 × 18
脚勾配：75°

②引出箱

$H = 390$
$W = 400$
$D = 320$
$t = 20$
引出：75 × 18
台輪：50 × 18

③小いす

$H = 620$（座面 410）
$W = 345$
$D = 345$
$t = 20$（座板・背板）
脚　　　：□ 40
幕板　　：45 × 15
貫　　　：30 × 15
背板勾配：74°

============================ 演習課題解答例 ============================

3．正投影による作図練習

（1）第三角法による図面の表し方

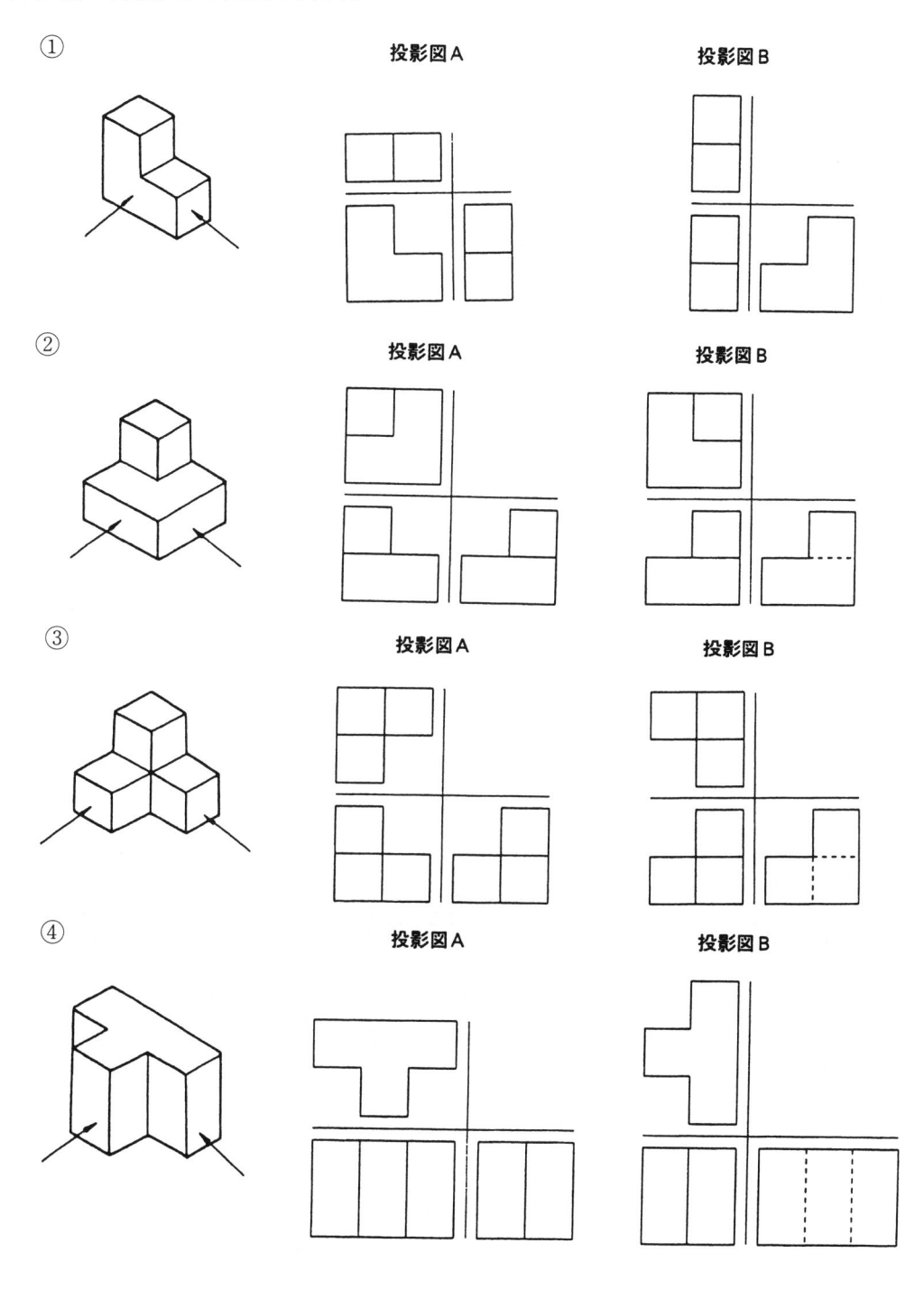

① 投影図A　投影図B

② 投影図A　投影図B

③ 投影図A　投影図B

④ 投影図A　投影図B

98　木工製図

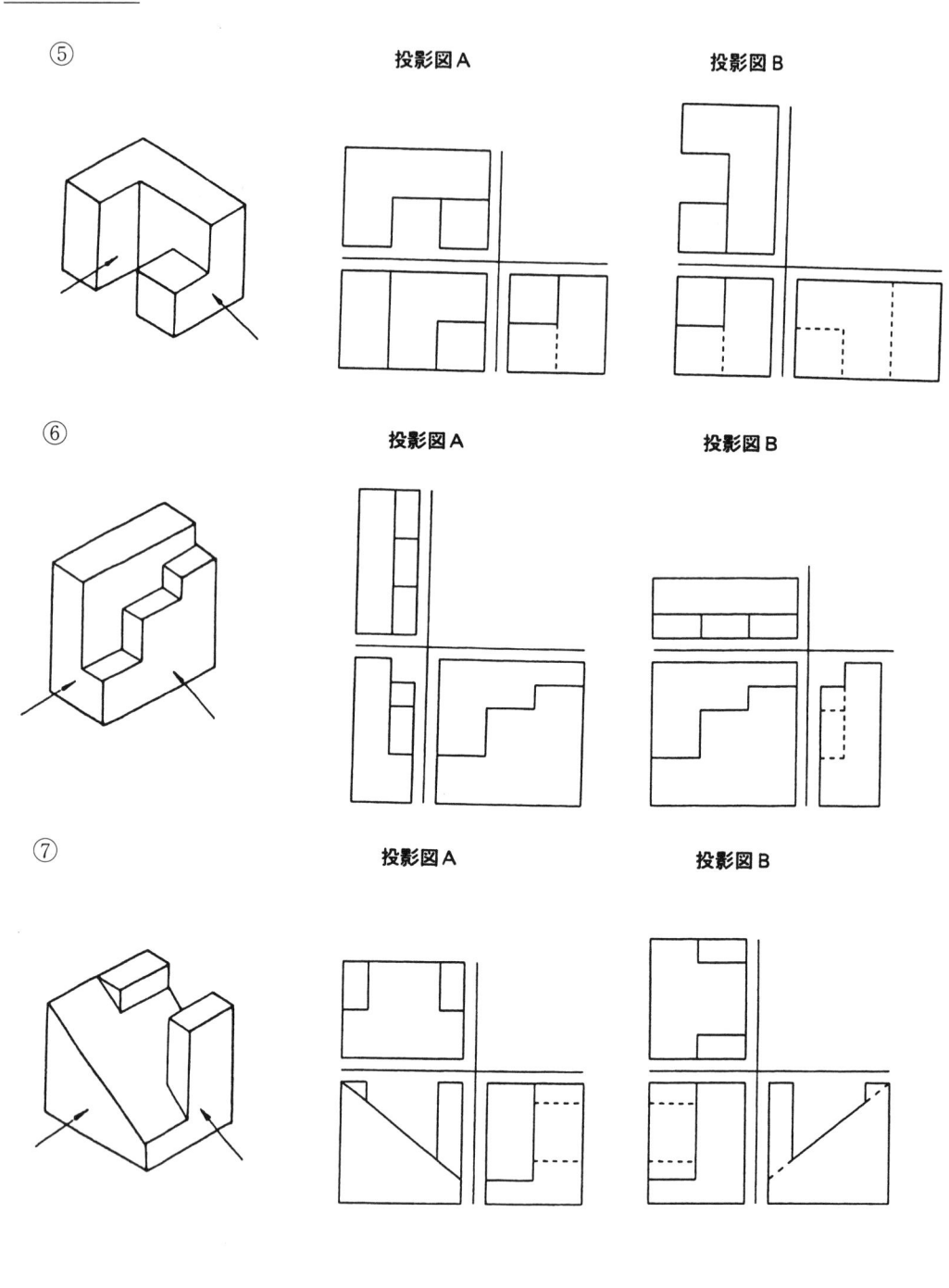

⑤　　　　　　　投影図A　　　　　投影図B

⑥　　　　　　　投影図A　　　　　投影図B

⑦　　　　　　　投影図A　　　　　投影図B

⑧ 投影図A 投影図B

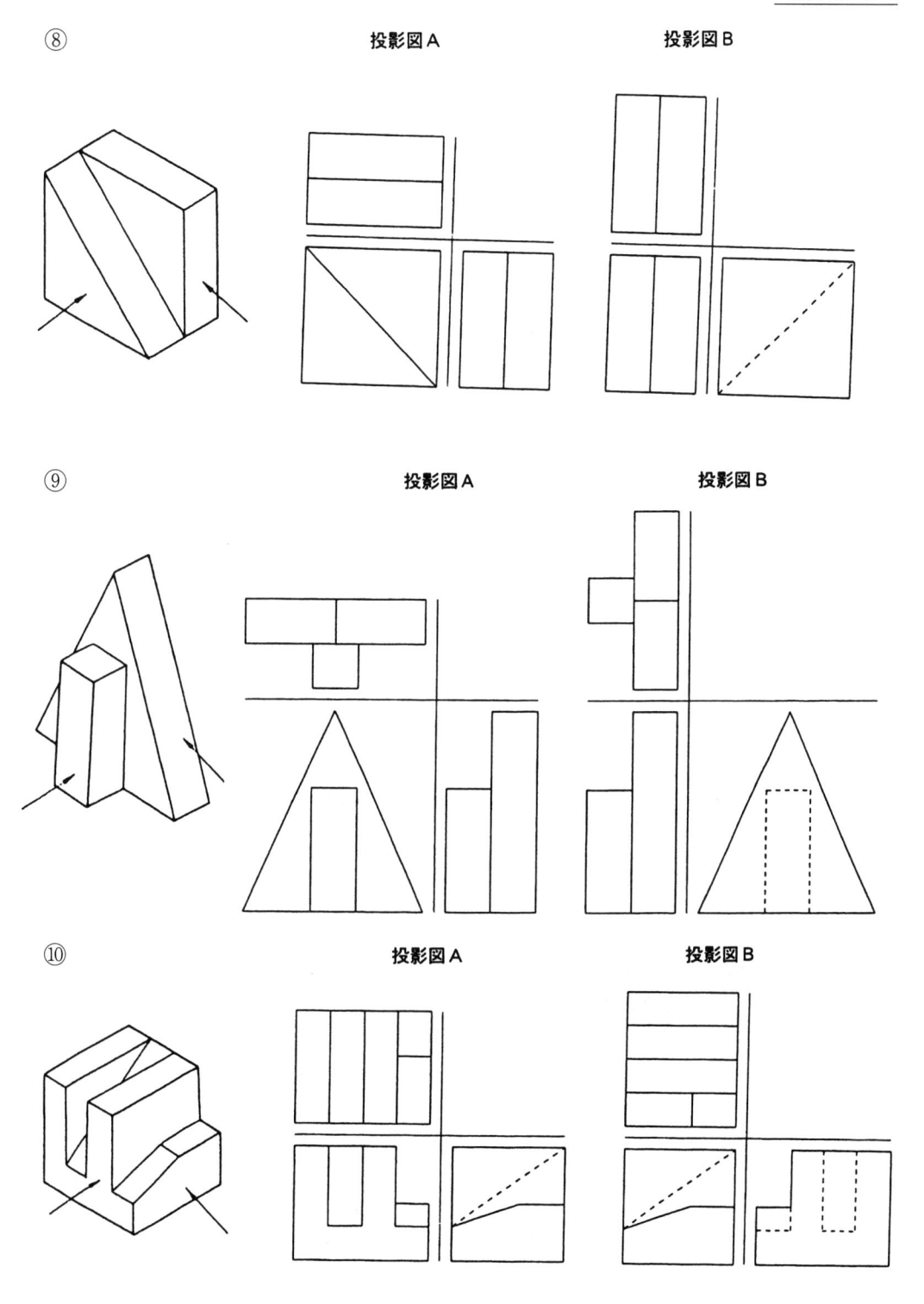

⑨ 投影図A 投影図B

⑩ 投影図A 投影図B

4．軸側投影の練習

（1）等角投影法で描く

手順1

3つの主軸を120度の角度で描く．

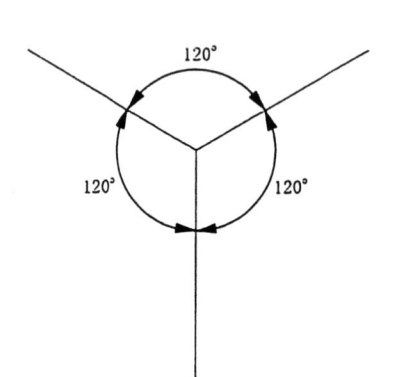

手順2

正面、側面、上面を1:1の尺度で描く．

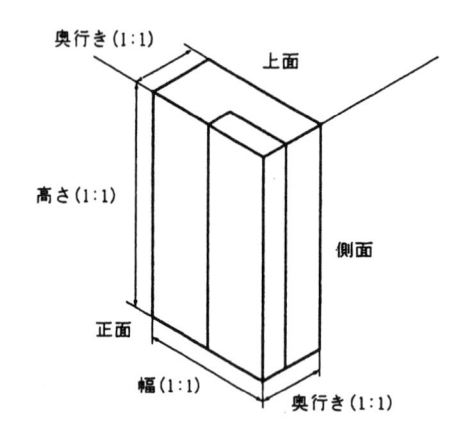

手順3

3つの面が関係してできる部分を描く．

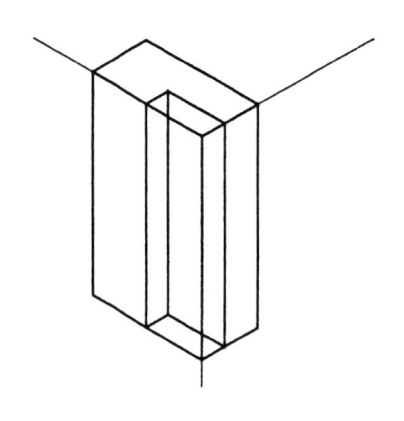

手順4

不用な線を消して完成する．

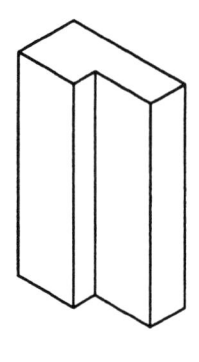

（2）二等角投影法で描く

手順1

3つの主軸を任意の角度で描く．

任意の角度
任意の角度　任意の角度

この面がよく見えるので
主要な面を描く側とする．

手順2

よく見える側に正面の幅と高さを1:1の尺度で描く．
また側面、上面の奥行きは2/3の尺度で描く．

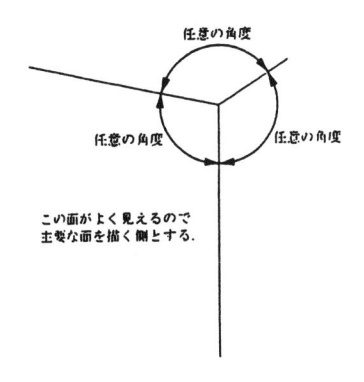

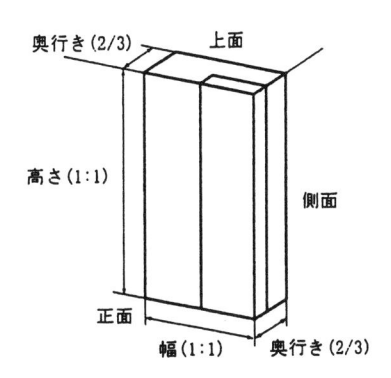

奥行き(2/3)　上面
高さ(1:1)　側面
正面　幅(1:1)　奥行き(2/3)

手順3

3つの面が関係してできる部分を描く．

手順4

不用な線を消して完成する．

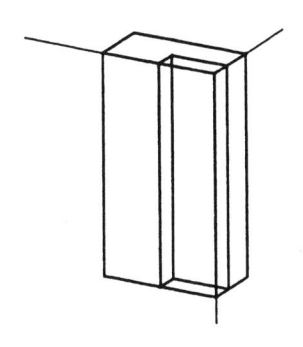

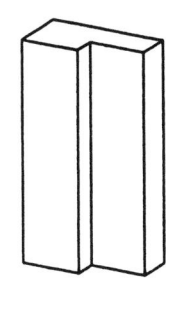

5．透視図を描く練習

（2）フリーハンドによる透視図の描き方

図5の完成予想図

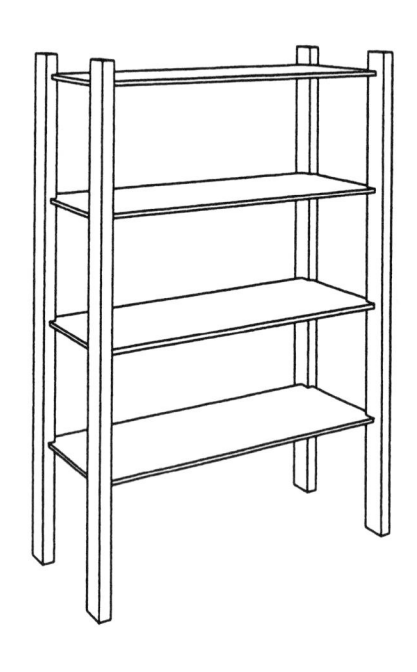

（3）二点透視投影の練習

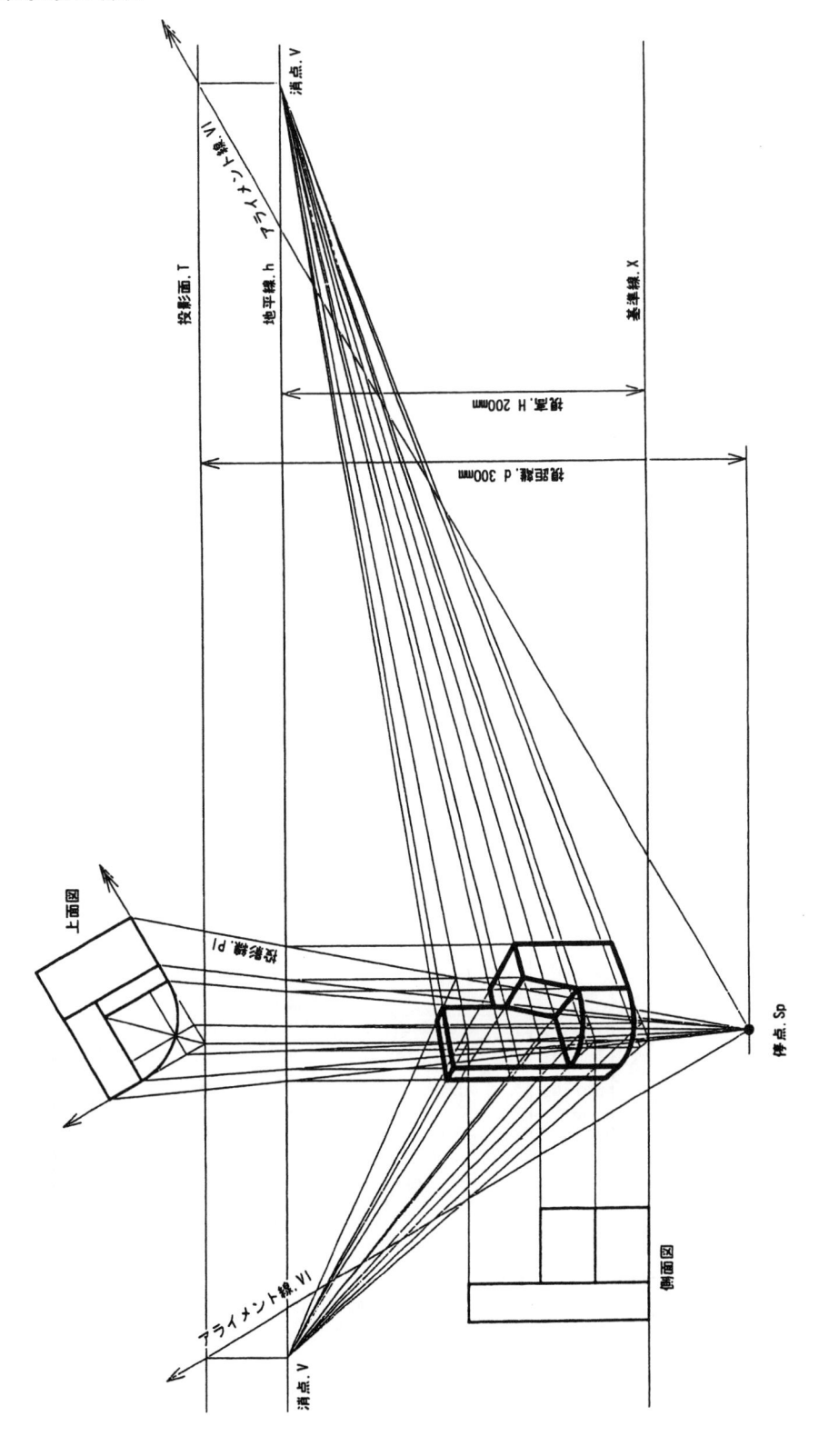

ポイント
対象物の曲面部分は、解答例のように補助線をうまく利用して描くとよい。

104　木工製図

═══════ 製 図 図 例 ═══════

1. ライティングビューローの製図手順

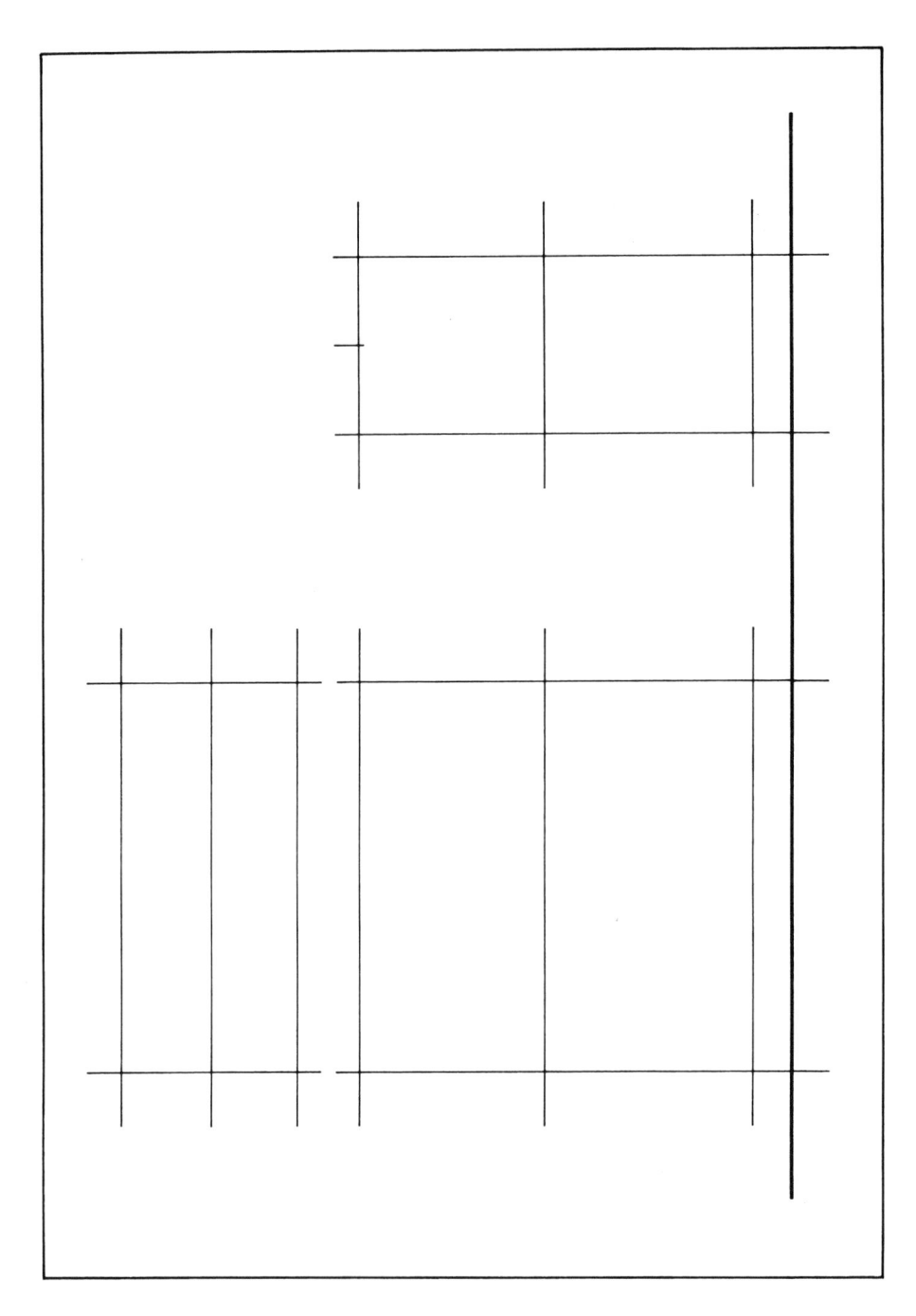

ライティングビューローの製図手順①

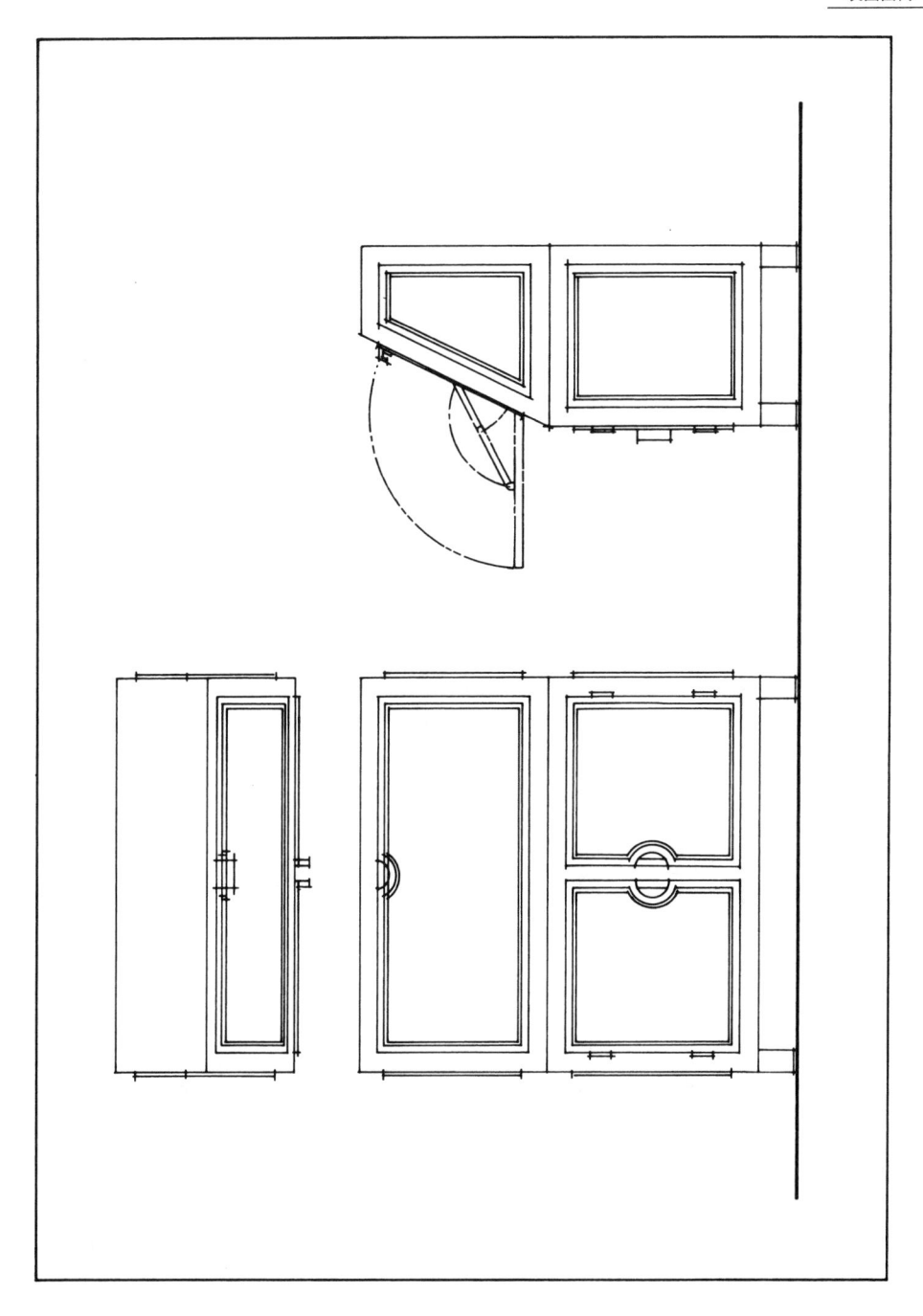

製図図例 105

ライティングビューローの製図手順②

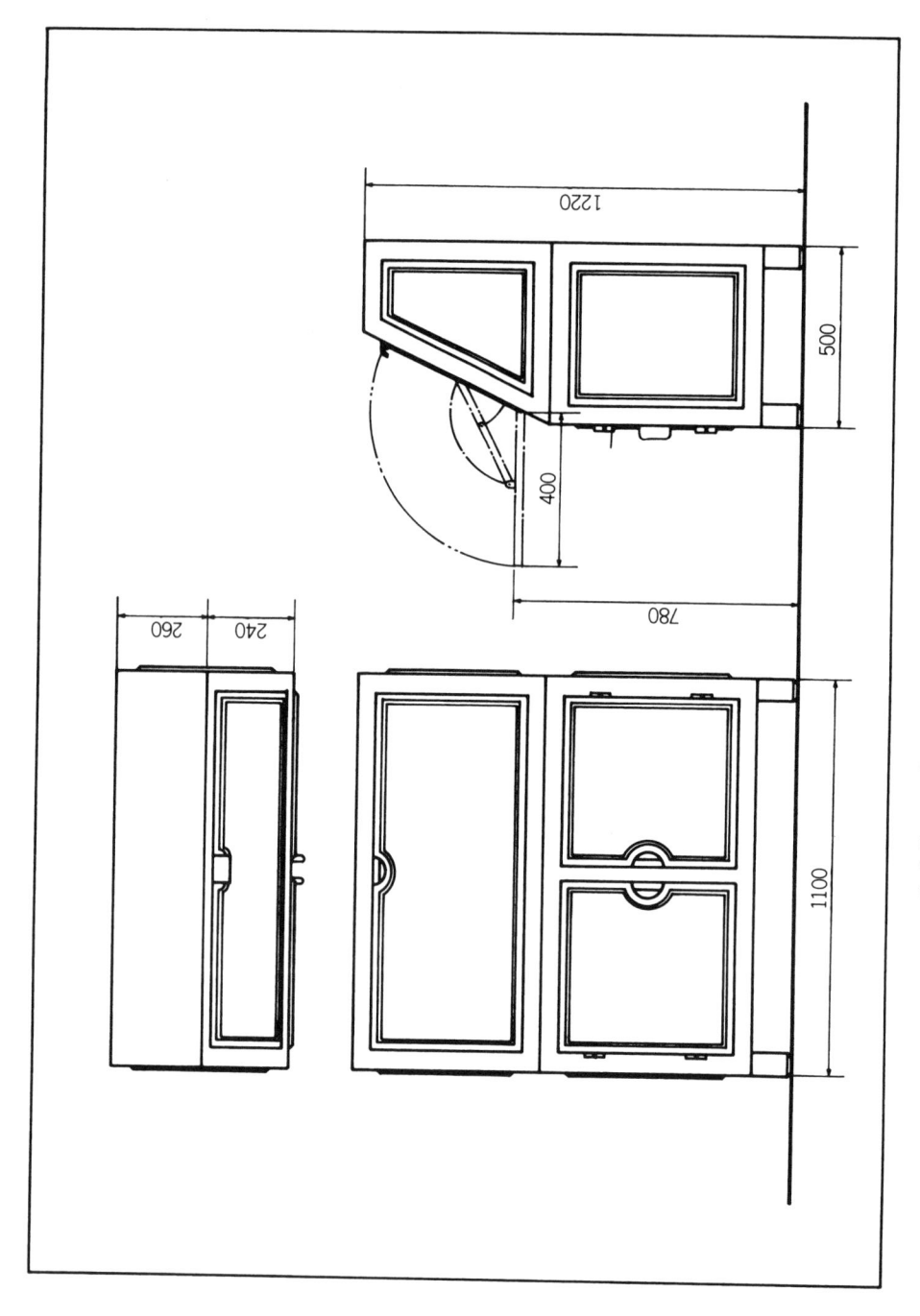

106　木工製図

ライティングビューローの製図手順③

2．製図例

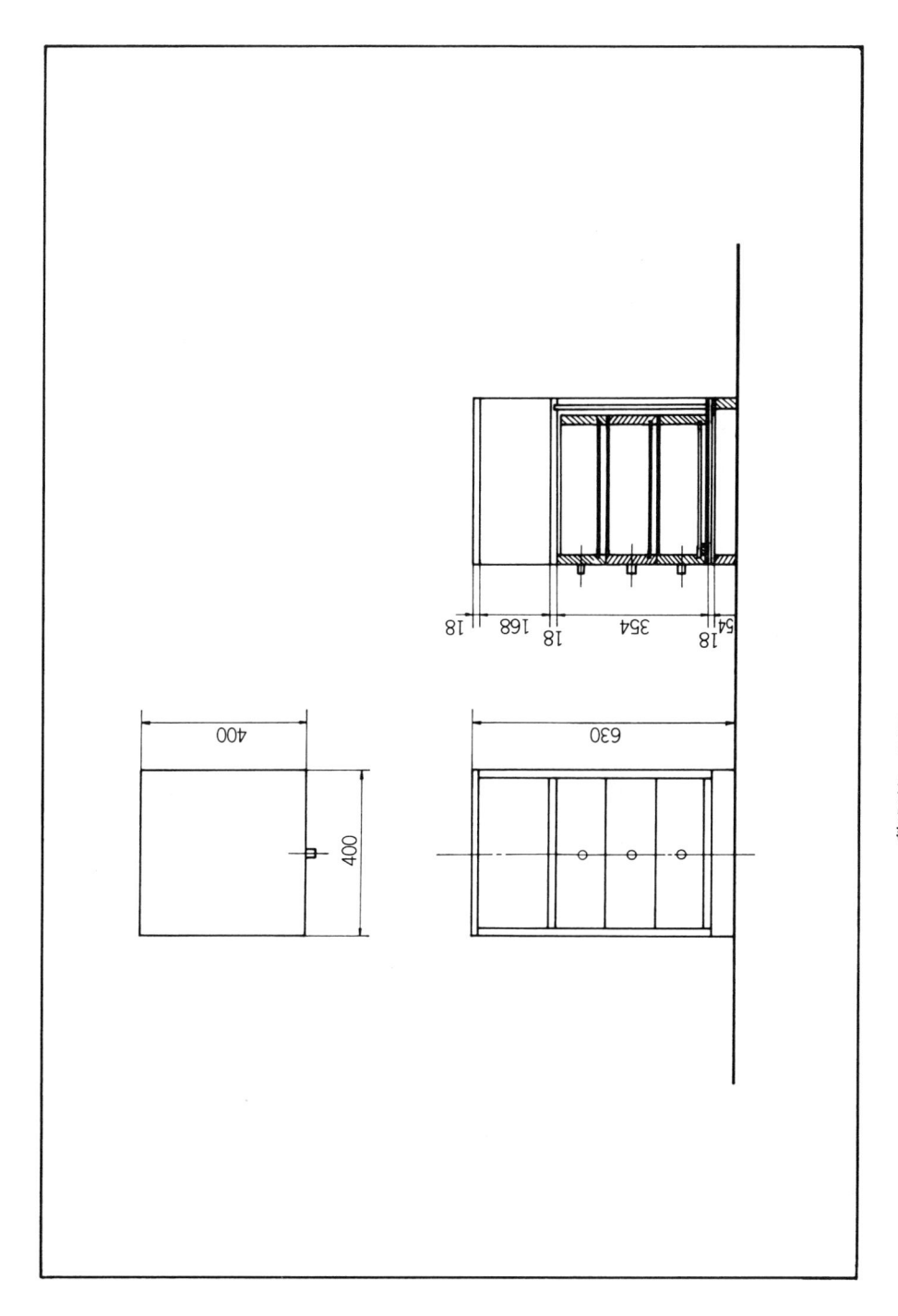

整理箱の製図例

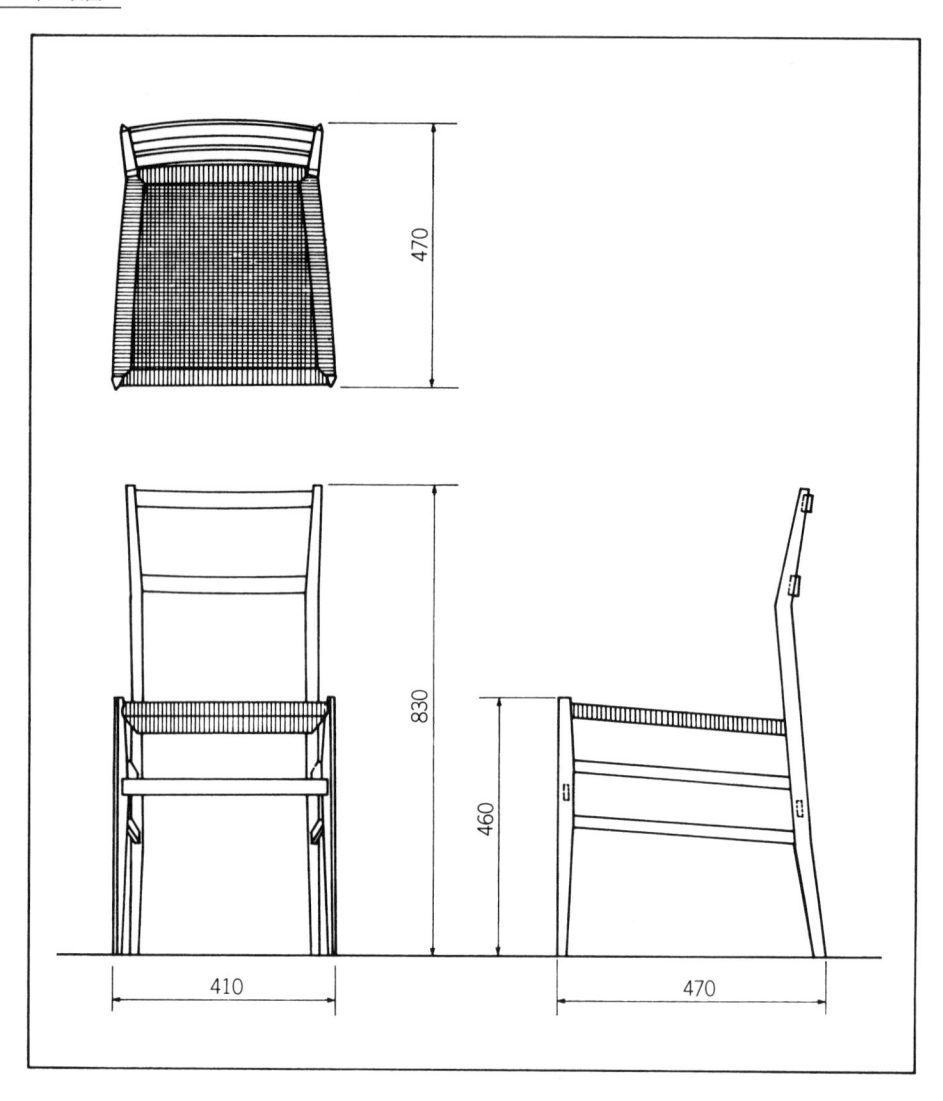

小いすの製図例①

小いすの製図例②

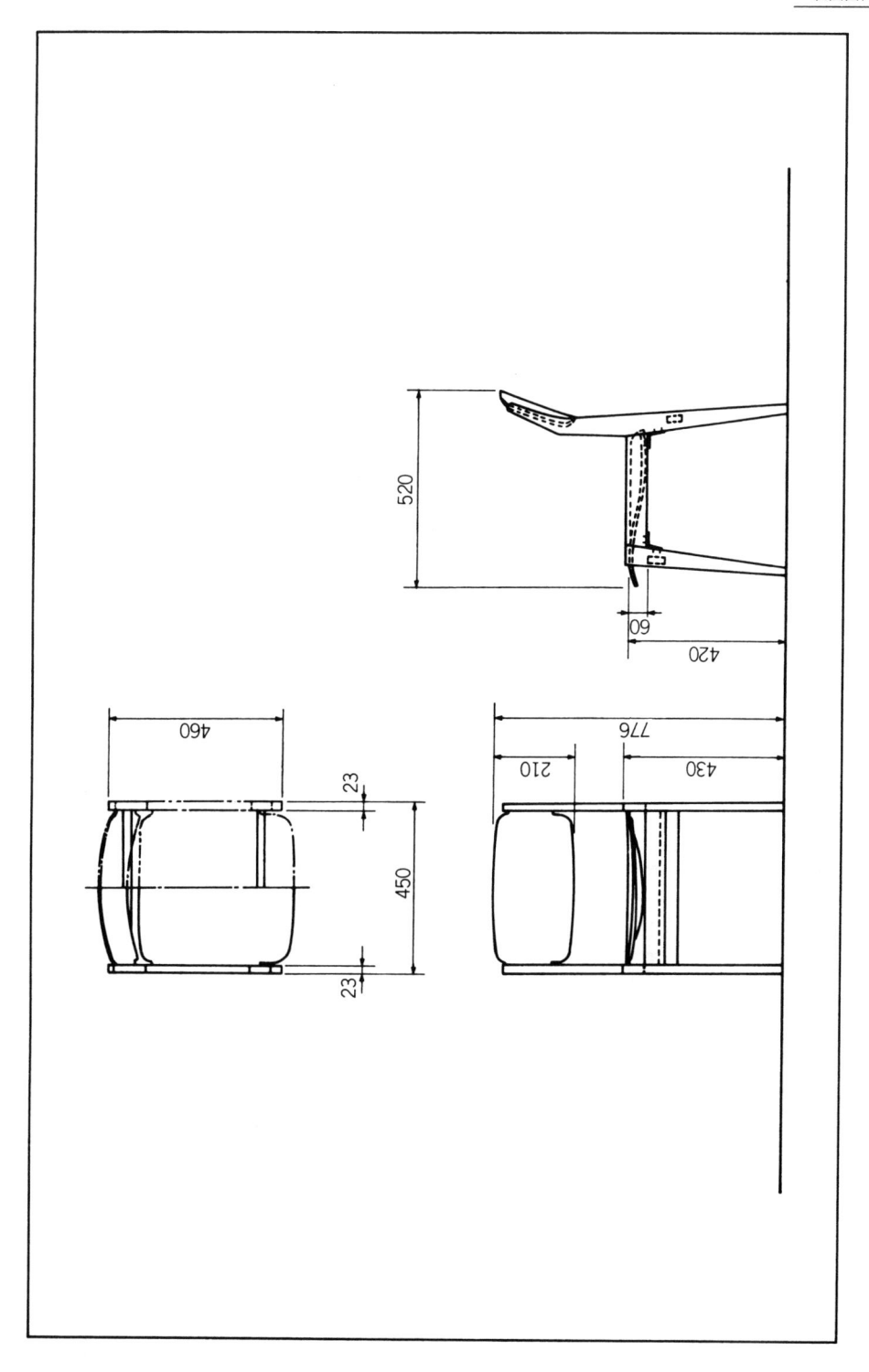

110　木工製図

いすの製図例

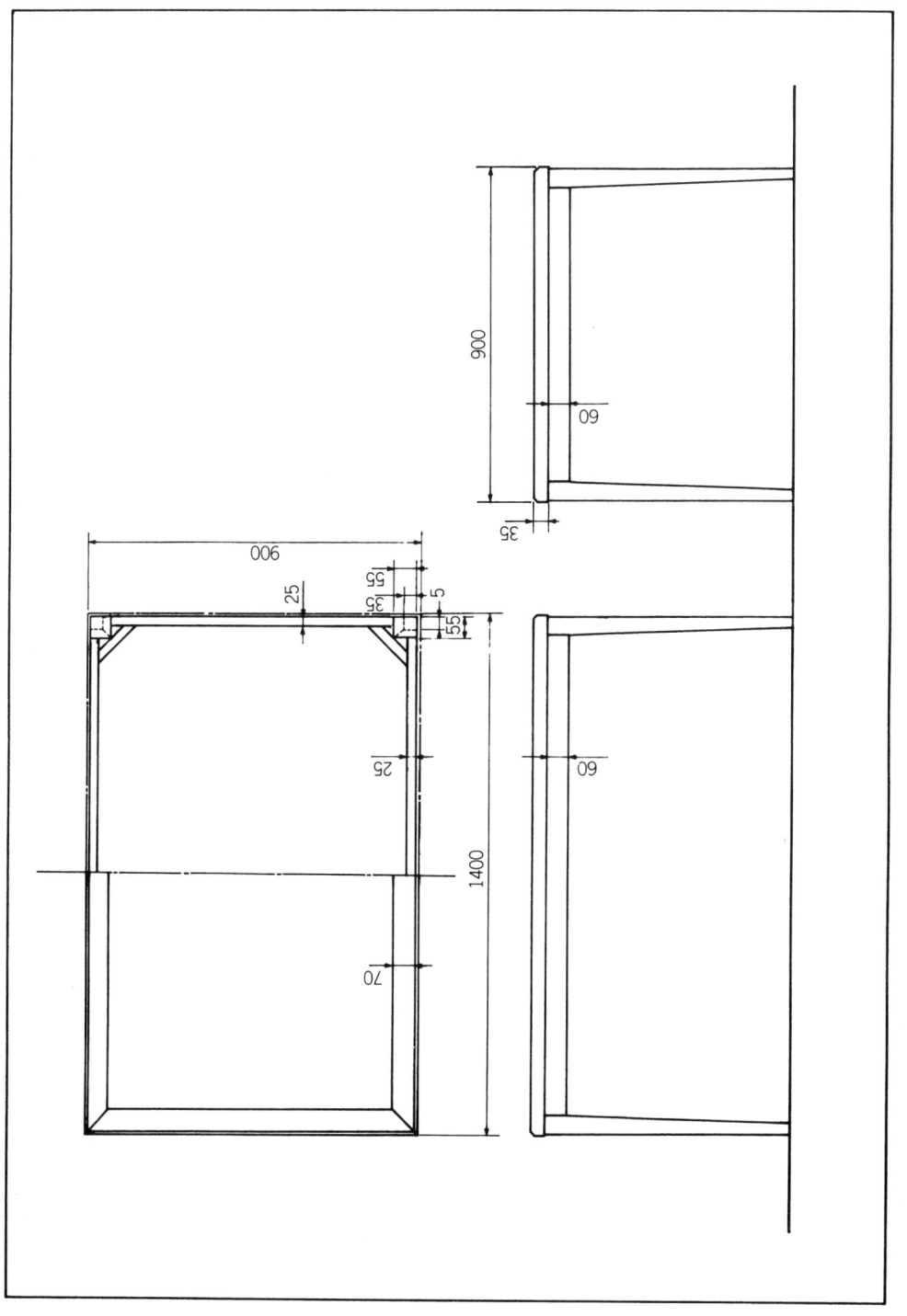

ティーテーブルの製図図例

112　木工製図

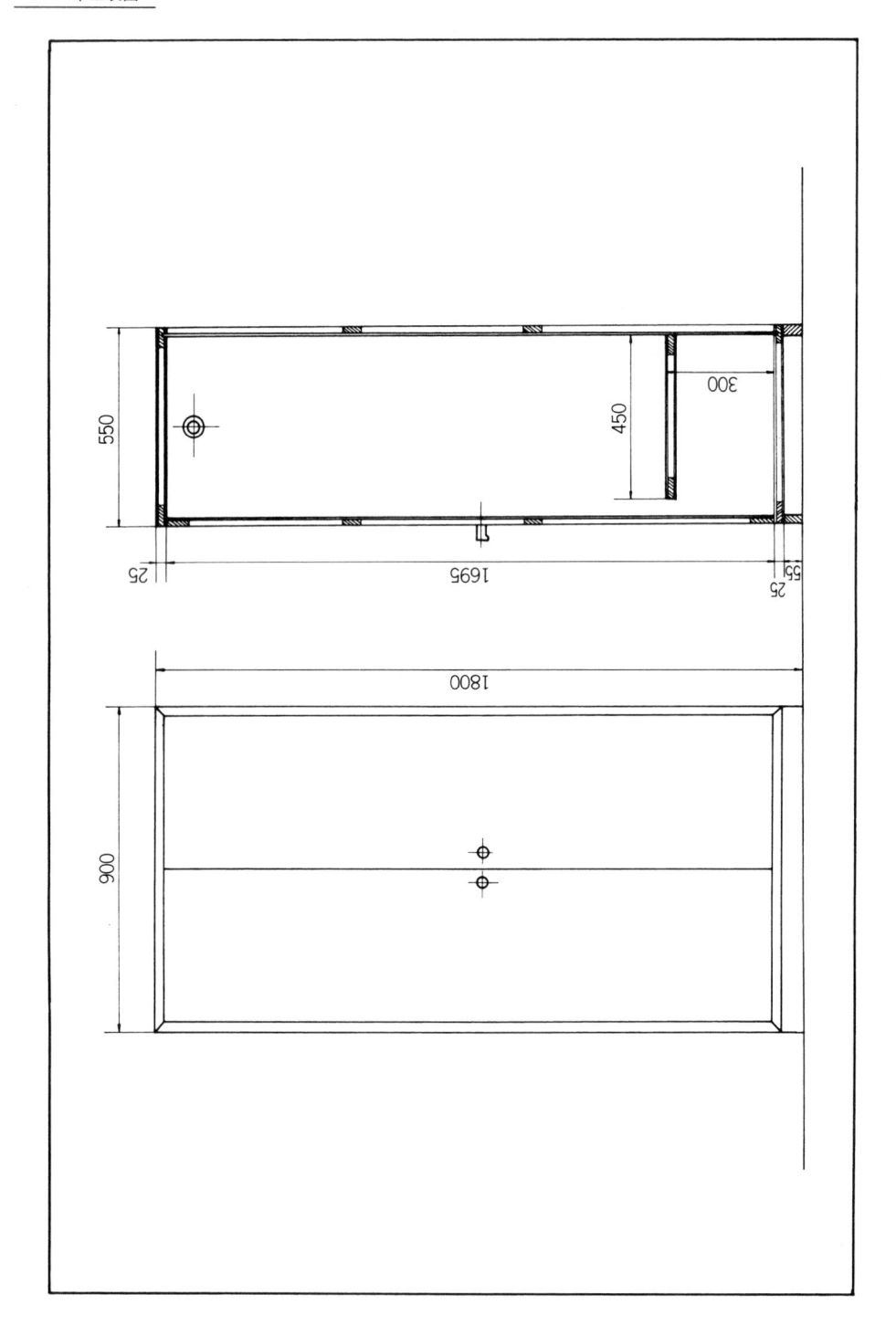

洋服だんすの製図例

製図図例 113

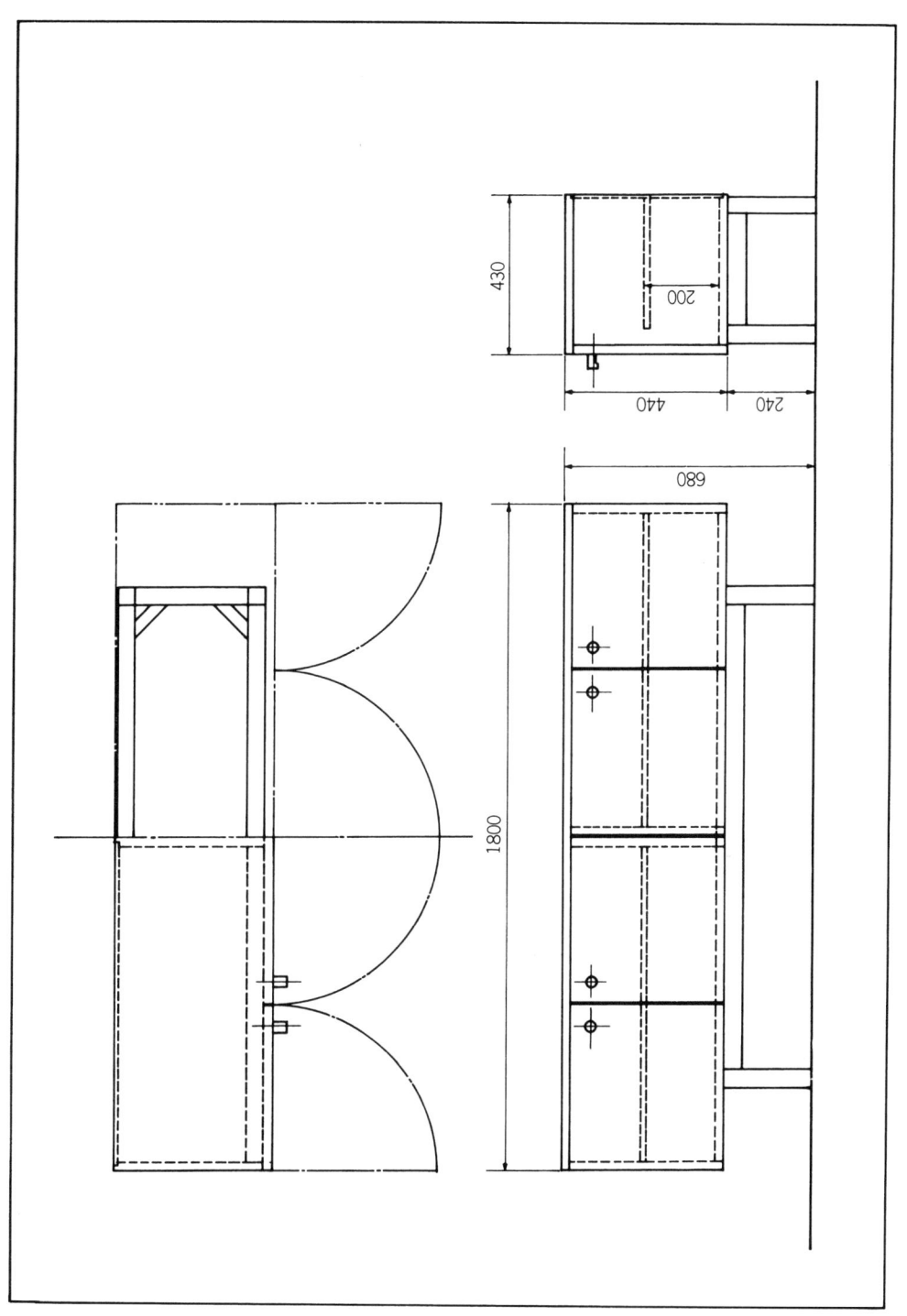

サイドボードの製図例

114　木工製図

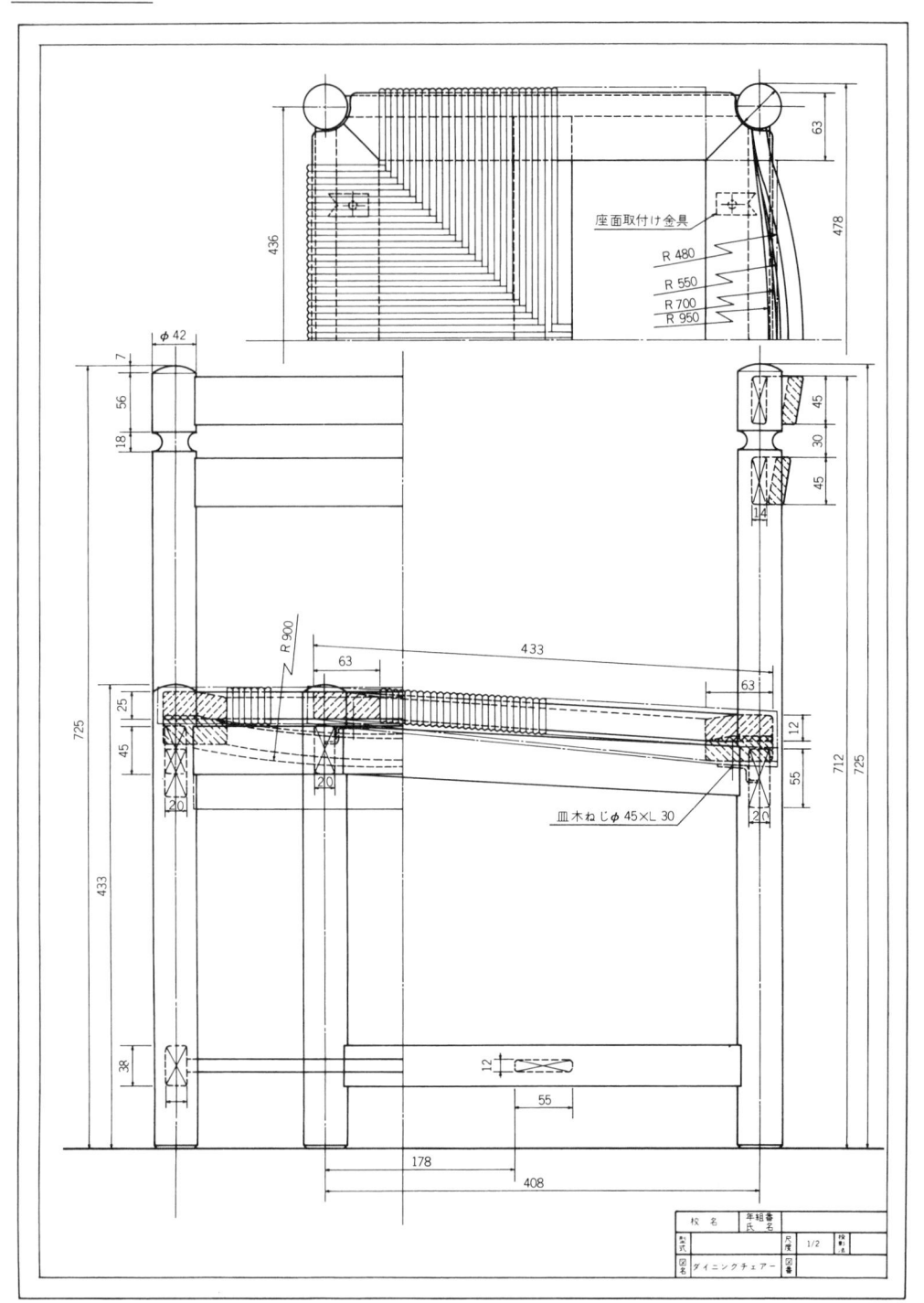

座面取付け金具
R 480
R 550
R 700
R 950

φ42

R 900

皿木ねじφ4.5×L 30

ダイニングチェアーの現寸図

ダイニングチェアー
1/2

建具の製図例

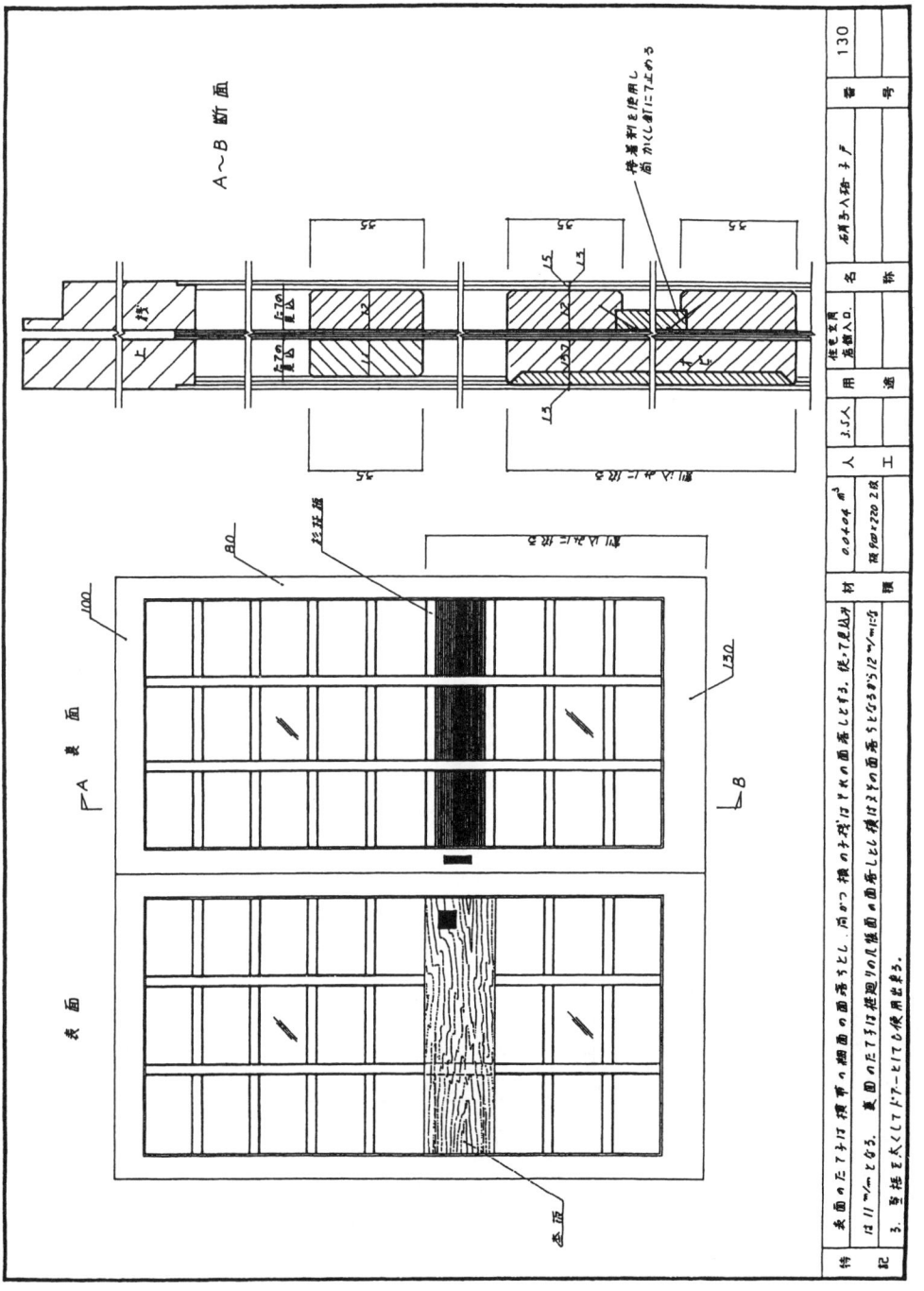

116　木工製図

1級建具試作（木製建具手加工作業）実技試験問題製作図

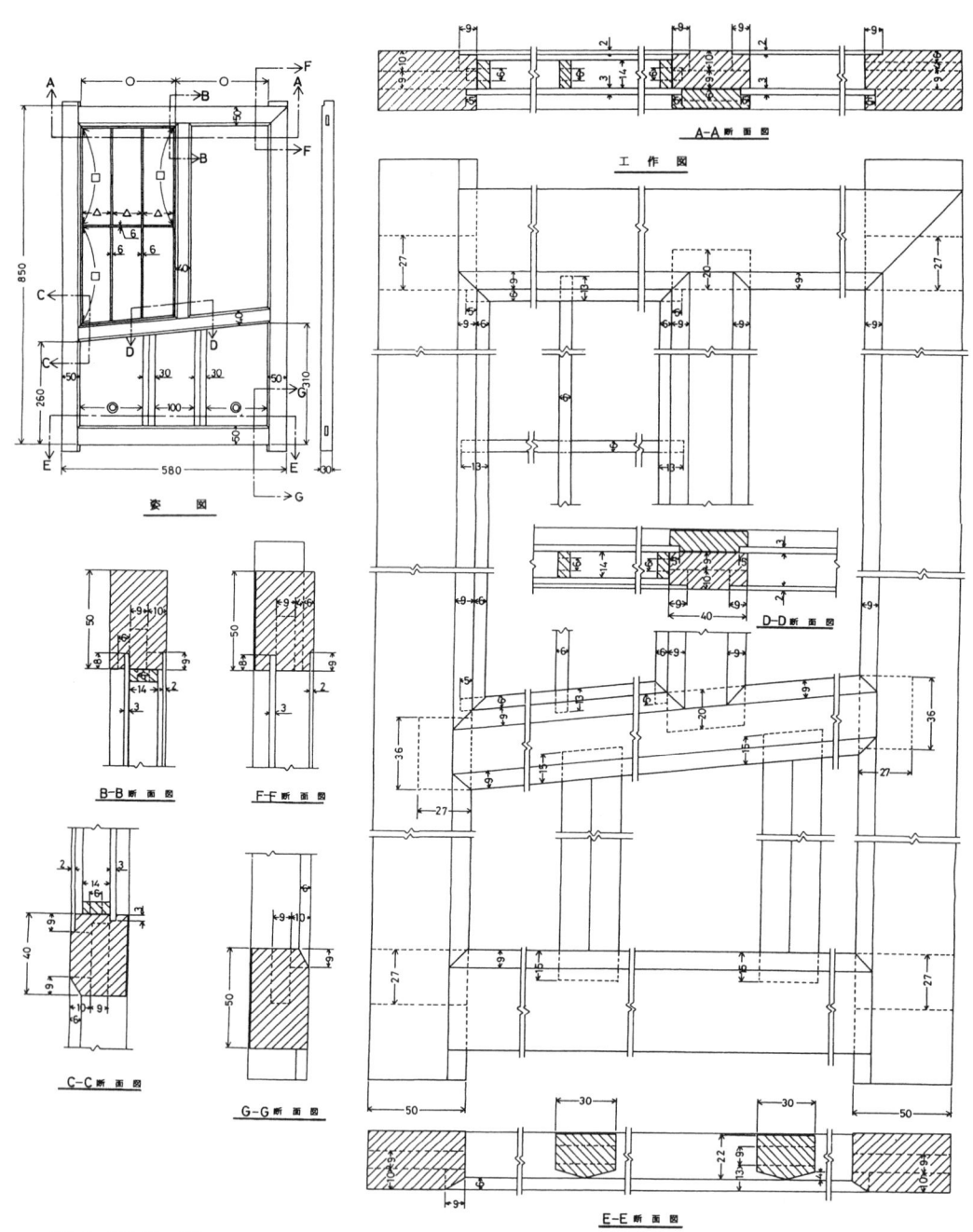

注）1．図面寸法の単位は，mmとする。
　　2．図中の○，◎，△，□は，同印同寸法とする。

技能検定建具製作実技課題

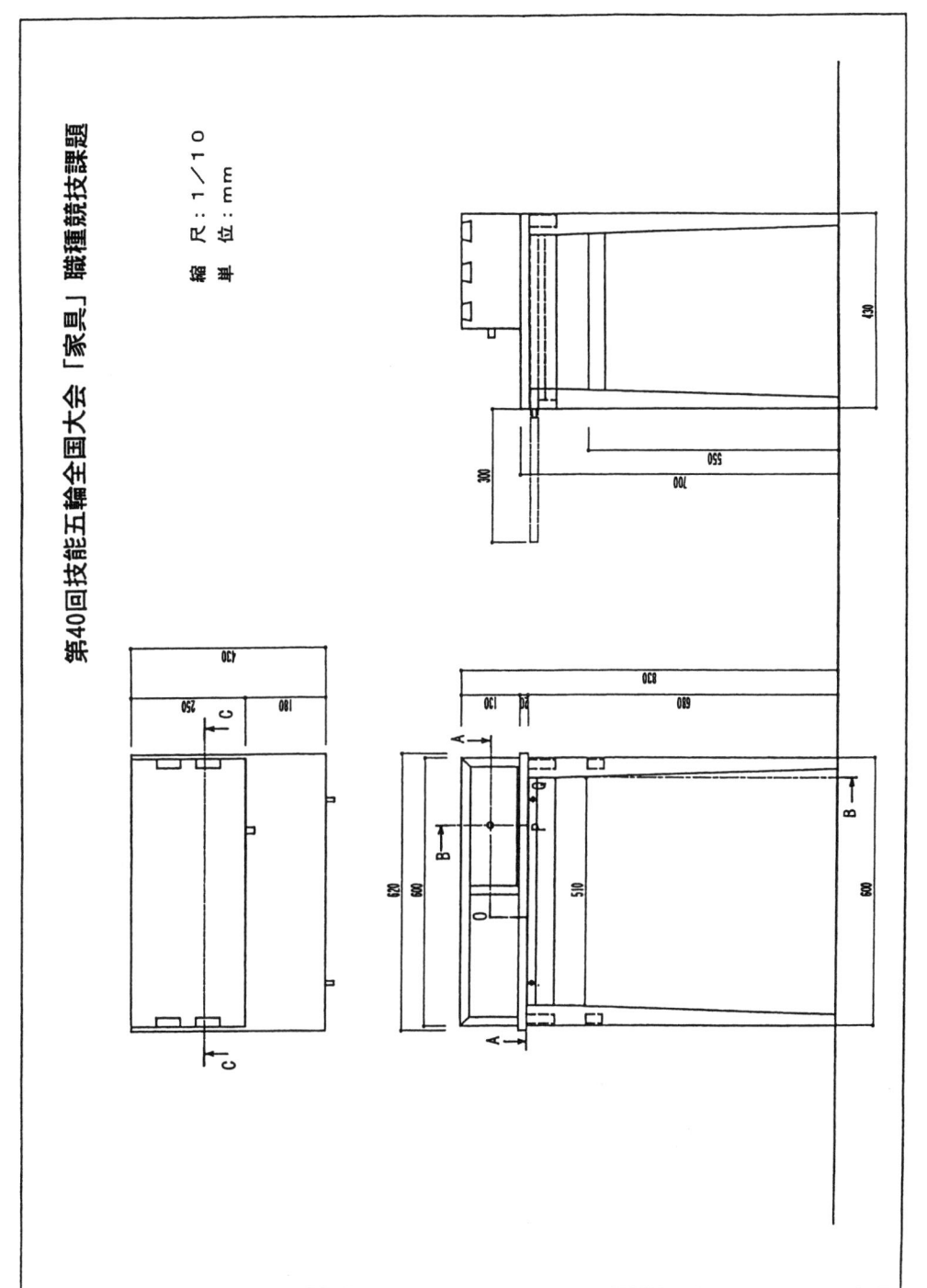

第40回技能五輪全国大会「家具」職種競技課題

縮 尺：1／10
単 位：mm

技能五輪競技課題図①

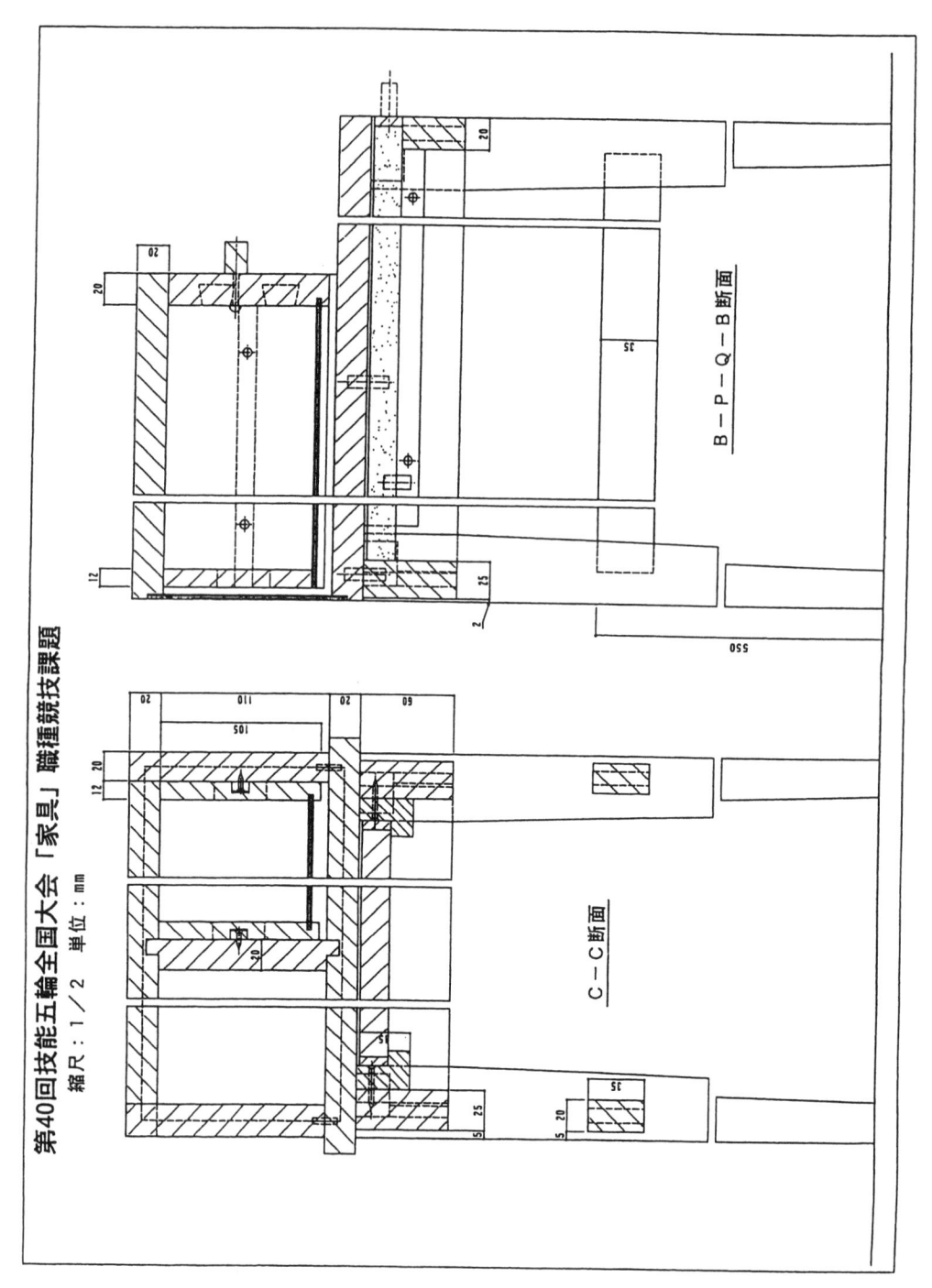

118　木工製図

第40回技能五輪全国大会「家具」職種競技課題
縮尺：1/2　単位：mm

C－C断面

B－P－Q－B断面

技能五輪競技課題図②

| 公　表 | 第38回技能五輪全国大会「家具」職種競技課題 |

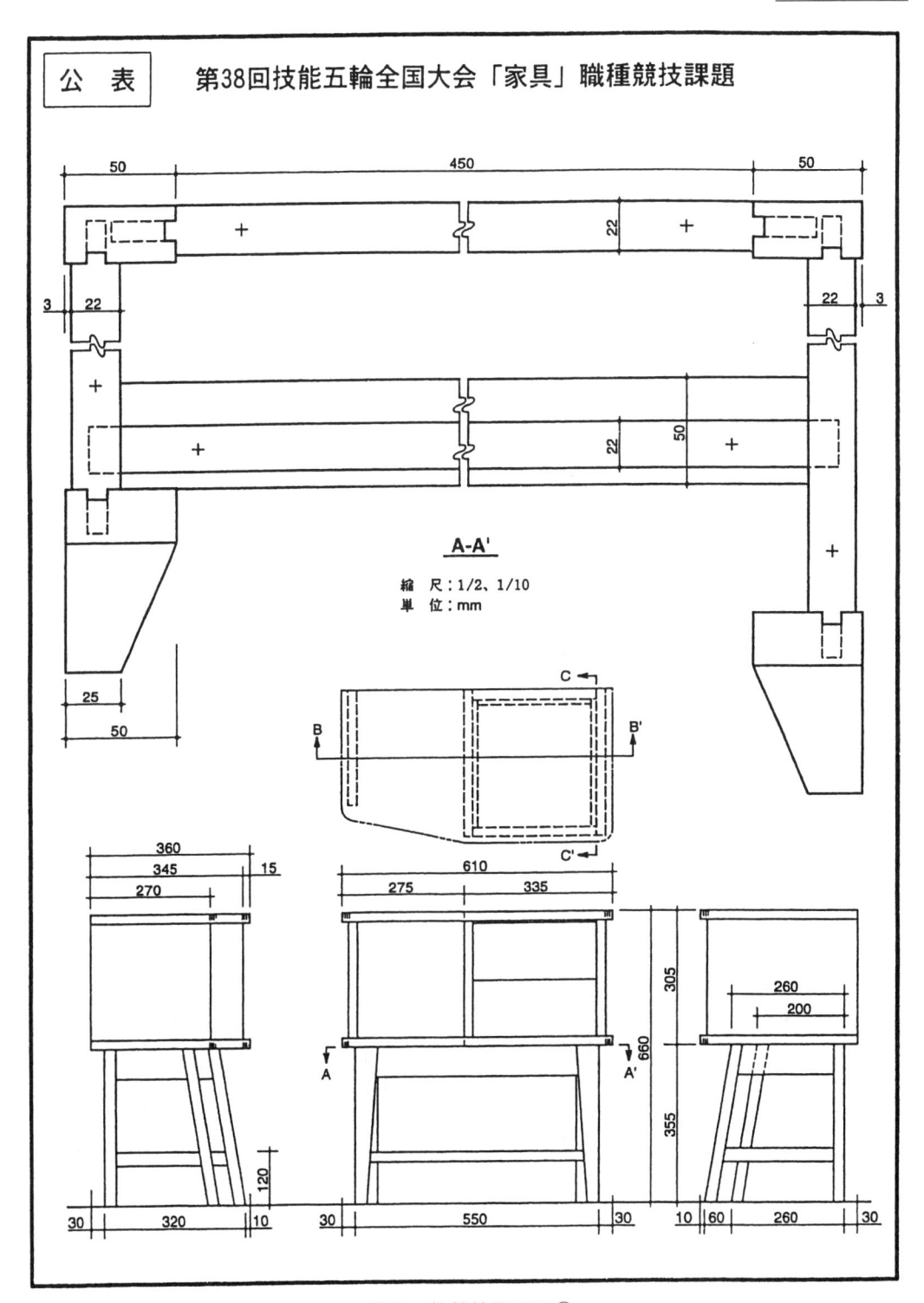

A-A'

縮　尺：1/2、1/10
単　位：mm

技能五輪競技課題図③

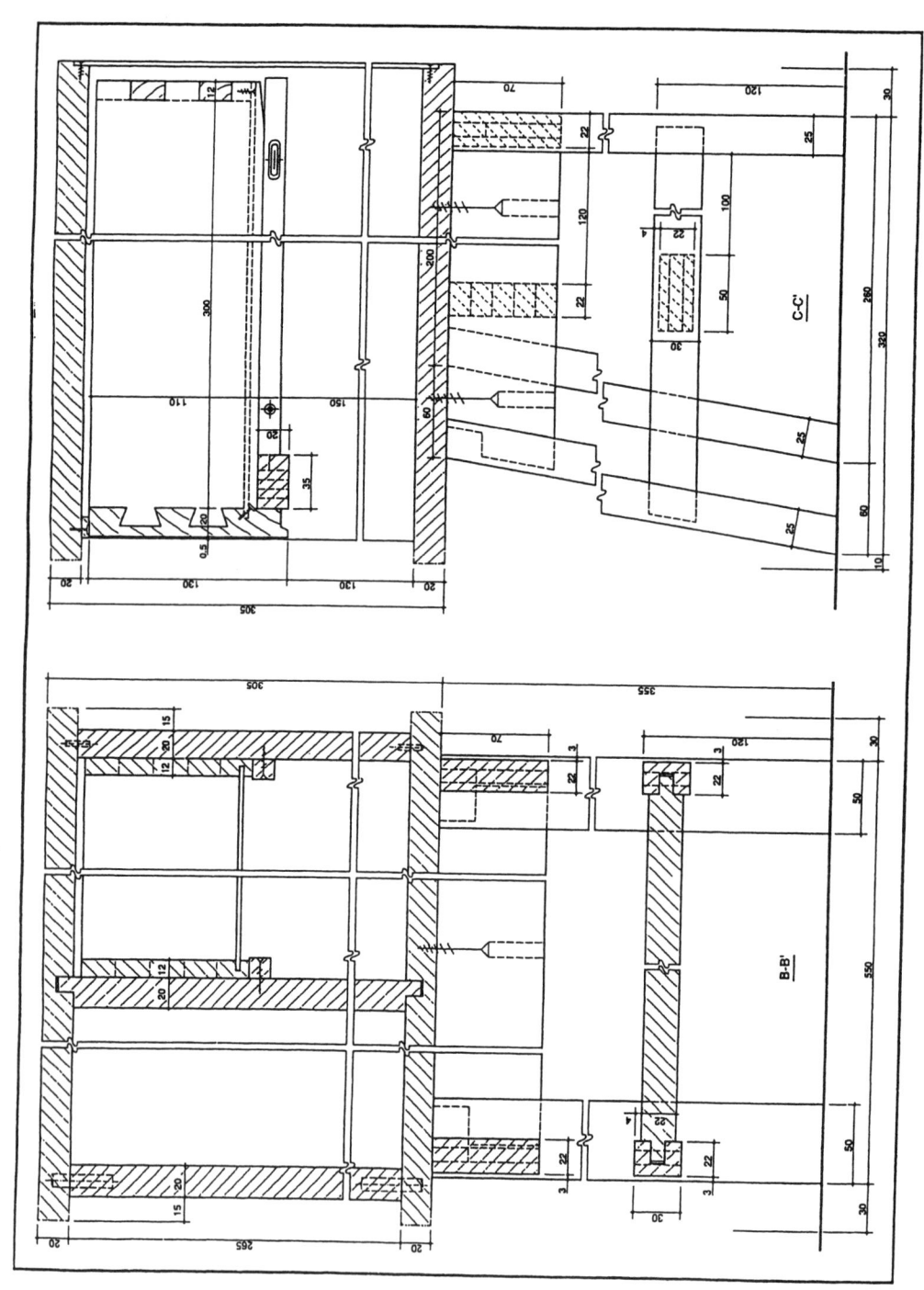

120　木工製図

技能五輪競技課題図(4)

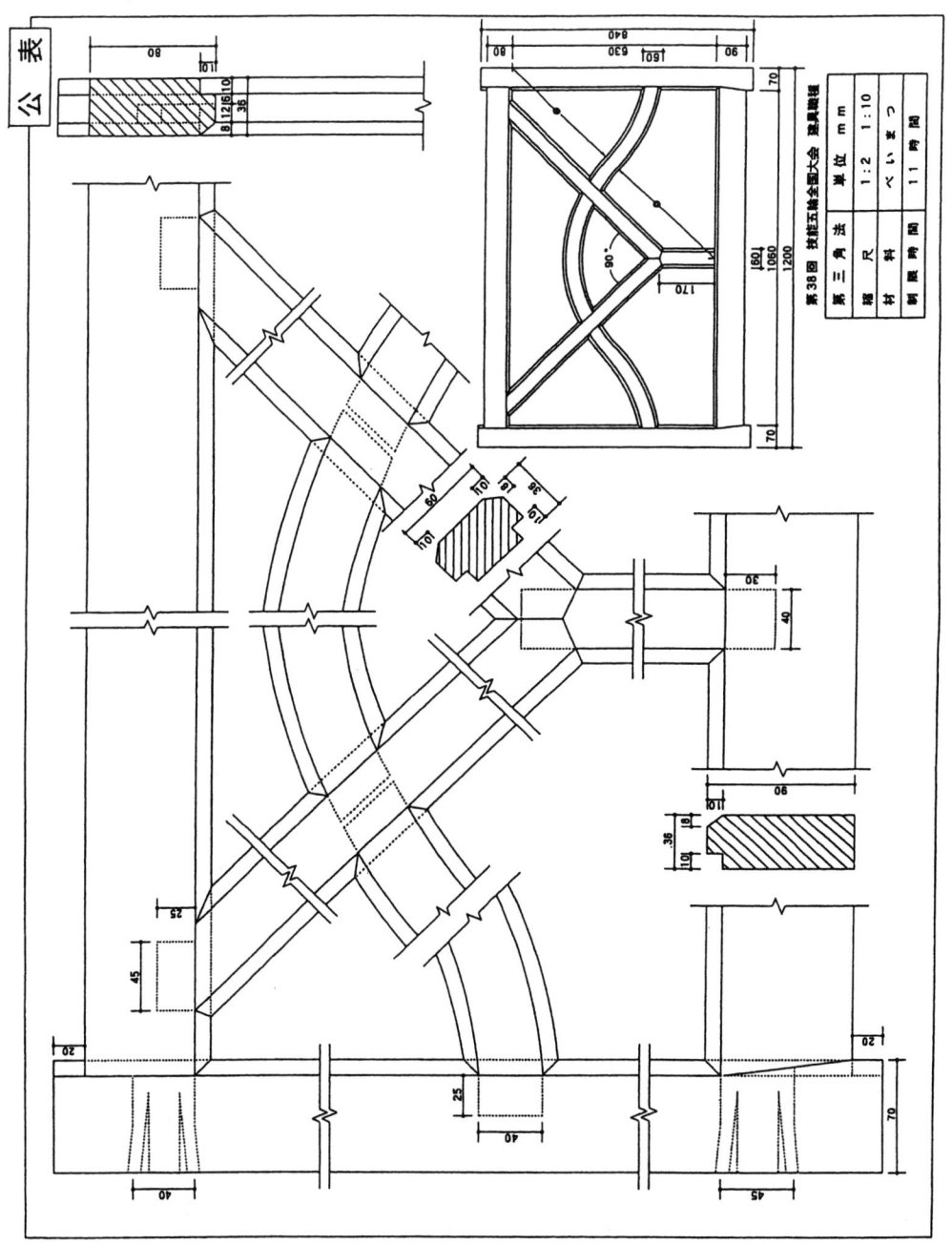

技能五輪競技課題図⑤

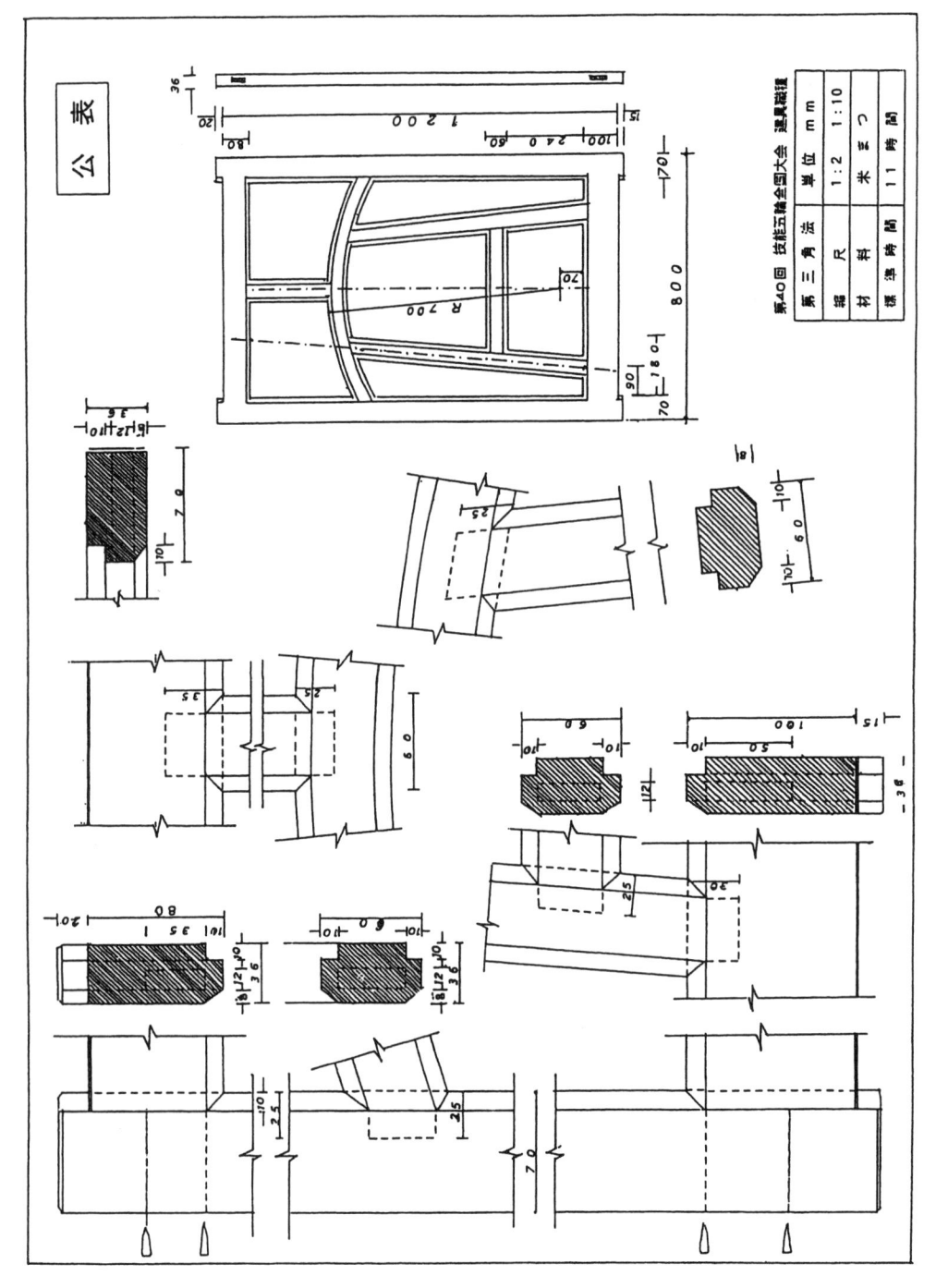

122 木工製図

公表

第三角法	縮 尺	1:2　1:10
第40回 技能五輪全国大会 課題職種	材 料	米まつ
	単 位 mm	
	標準時間	11時間

技能五輪競技課題図⑥

索　　引

あ

アライメント線	73
アルベルティ	68
イギリス式	1
一点鎖線	23
一点透視投影法	68
色鉛筆	11
鉛筆	8

か

外形線	58
かくれ線	59
カバリエ図	65
カラートーン	11
観察者	70
基準線	70
基準面	70
ＣＡＤ	16
キャビネット図	65
雲形定規	6
クレパス	11
消し板	9
消しゴム	9
現尺（原寸）	23
現尺図	62
検図	62
原図	62
ケント紙	11
極太線	24
コンテ	11
コンパス	2
コンピュータ	16

さ

彩色用具	10
三角定規	4
三角スケール	6
三点透視投影法	68
Ｇ．Ｌ（グランドライン）	57
視円すい	79
視距離	70

軸測投影	63
視高	70
自在曲線定規	7
実線	23
視点	71
尺度	23
写図	62
斜投影	64
縮尺	23, 61
縮尺図	55
縮尺平面斜投影図	66
主投影図	45
定規	4
消点	72
正面図	45
芯研器	9
水彩絵具	10
垂直線の引き方	15
水平線の引き方	14
スクリーントーン	11
スプリングコンパス	1
スマッジング	47
図面の輪郭	22
寸法記入	49
寸法線	50, 60
寸法補助記号	53
寸法補助線	50, 60
製図器	1
製図機械	7
製図板	3
製図ペン	3
製図用紙	11, 21
製図用シャープペンシル	9
製図用ブラシ	9
正投影	42
切断線	59
線の引き方	14
想像線	59
側画面	42
ソフトウェア	16

た

第一角法	42
第三角法	42

対象物	69
だ円	38
断面図	47
地平線	70
中コンパス	1
中心線	57
T定規	4
定着剤（フィキサチーフ）	11
停点	71
ディバイダ	1
データベース化	17
デューラー	69
テンプレート	9
ドイツ式	1
投影法	41
投影面	42, 69
等角投影	63
透視図	67
透視投影	67
透視投影図のゆがみ	80
透視投影法	67
等尺平面斜投影図	66
透明水彩絵具	10
トラック式	7
トレーシングペーパー	11

な

二点鎖線	23
二点透視投影法	68
二等角投影	64

は

パースシート	83
ハードウェア	16
倍尺	23
パイプペン	3
パステル	10
破線	23
破断線	47, 59
ハッチング	47, 59
羽根ぼうき	9
引き出し線	53
表題欄	22, 61
プーリ式	7
不透明水彩絵具	10
太線	24
部品表	61
ブルネレスキ	68
分度器	7
平画面	42
平行定規	7
平面斜投影	66
ペンシルホルダ	9
ポスターカラー	10
細線	24

ま

木炭紙	11
文字の種類	27

や

用器画法	31
４５°の斜線の引き方	15

ら

立画面	42
立体図法	41
レイヤー	17

わ

| ワットマン紙 | 11 |

木工製図	©

昭和61年3月1日　初 版 発 行
平成19年2月20日　改訂版発行
令和6年4月1日　8 刷 発 行

編集者　独立行政法人　高齢・障害・求職者雇用支援機構
　　　　職業能力開発総合大学校　基盤整備センター

発行者　一般財団法人　職業訓練教材研究会

〒162-0052
東京都新宿区戸山1丁目15−10
電　話　03(3203)6235
https://www.kyouzaiken.or.jp/

編者・発行者の許諾なくして本教科書に関する自習書・解説書もしくはこれに類するものの発行を禁ずる。

ISBN978-4-7863-1095-9